Procedure and Method of Product Design

产品设计程序与方法

李玉青 李楠舟。主 编
尤 田 王春柳 刘 宁。副主编

北京理工大学出版社
BEIJING INSTITUTE OF TECHNOLOGY PRESS

内容提要

本书共分 **6** 个项目，详细论述了产品设计程序与方法所涵盖的知识体系，重点讲述了产品设计调查、产品开发设计程序、产品改良设计程序、产品设计的方法、产品设计的相关理论（包括设计管理、人机工程学、设计心理学、产品符号学、设计美学、产品系统设计理论、设计评价理论等）和先进的设计理念（绿色设计、人性化设计、民族化设计、并行工程、虚拟设计、未来设计、智能化设计、模糊化设计、概念化设计、情感化设计、体验设计等），为学生提供了行之有效的学习体系。为方便教学，本书配有电子课件，并以二维码的形式呈现，读者可扫码查看。

本书可以作为高等院校设计类专业的教材，也可以作为广大从事工业产品设计行业读者的参考书。

图书在版编目（CIP）数据

产品设计程序与方法 / 李玉青，李楠舟主编.--北京：北京理工大学出版社，2023.7
ISBN 978-7-5763-2386-3

Ⅰ.①产… Ⅱ.①李… ②李… Ⅲ.①产品设计 Ⅳ.①TB472

中国国家版本馆CIP数据核字（2023）第087166号

出版发行 / 北京理工大学出版社有限责任公司
社　　址 / 北京市海淀区中关村南大街 5 号
邮　　编 / 100081
电　　话 / （010）68914775（总编室）
　　　　　　（010）82562903（教材售后服务热线）
　　　　　　（010）68944723（其他图书服务热线）
网　　址 / http://www.bitpress.com.cn
经　　销 / 全国各地新华书店
印　　刷 / 河北鑫彩博图印刷有限公司
开　　本 / 889 毫米 ×1194 毫米　1/16
印　　张 / 9　　　　　　　　　　　　　　责任编辑 / 封　雪
字　　数 / 241 千字　　　　　　　　　　　文案编辑 / 毛慧佳
版　　次 / 2023 年 7 月第 1 版　2023 年 7 月第 1 次印刷　　责任校对 / 刘亚男
定　　价 / 89.00 元　　　　　　　　　　　责任印制 / 王美丽

　　本书是根据教育部办公厅关于印发《"十四五"职业教育规划教材建设实施方案》的通知，并结合编者多年来产品设计的实践经验编写而成的。本书采用理论阐述、案例分析与任务练习相结合的方法，指导学生在产品造型设计中应该遵循的基本法则，使学生在科学的范围内沿着正确的方向从事工业产品设计。

　　产品设计程序与方法是工业设计类专业的专业必修课程之一，集设计理念、设计调查方法、设计思维方法、设计表达、市场经济学、管理学于一体，综合了设计类专业所涉及的知识与技能、理论与实践。该课程要求了解和掌握产品设计的基本程序与方法，以及进行产品设计时如何分析产品设计中的各个要素，如何调查和产品有关的信息资料，并且通过实际的设计实践课题把设计程序贯穿其中，引导学生提高自身的观察能力，在对事物详细的调查中发现问题、分析问题，并最终运用专业的设计知识解决问题，做到学以致用。

　　产品设计程序与方法已经不仅仅是工业设计教育中的一个单纯的教学环节，还代表着工业设计观念的更新。产品设计程序与方法的发展推动了教学手段和教学方式的彻底变革，给工业设计教育带来了全方位的影响，已渗透到工业设计教育的各个环节、各个层次。

　　本书由长春职业技术学院李玉青、李楠舟任主编，长春职业技术学院尤田、王春柳、刘宁担任副主编。具体编写分工如下：绪论、项目1由尤田编写；项目2、项目5和项目6由王春柳编写；项目3和项目4由李楠舟编写。全书由李玉青、李楠舟、刘宁统稿。

　　本书的编写得到了许多专家、学者的指导与帮助，在此一并表示最真诚的感谢！

　　由于编者水平有限，书中难免存在疏漏之处，恳请广大读者批评指正。

编　者

目 录
CONTENTS

绪 论

0.1 认识工业设计

课件：产品设计程序
与方法

首先，什么是设计？包豪斯设计学院（Bauhaus）教师，后来创立了芝加哥设计学院的拉兹洛·莫霍利 – 纳吉（Laszlo Moholy-Nagy）曾经这样阐述："设计不是一种职业，它是一种态度和观念，一种规划（计划）的态度观点。"德国乌尔姆设计学院（ULM）教师利特则认为"设计是包含规划的行动，为了控制它的结果，需要很难的智力工作并要求具备谨慎的、关键的决策。它不是把外形摆在最优先地位，而是把与之有关的各方面结合起来考虑，包括经济、社会、文化等"。很多情况下，设计活动最根本的意义在于对当时的社会理想和文化思想做出反映。从这个角度上说，设计是一种对社会理想的展望和谋划，担负着天道自然和社会人伦两方面的任务。对于设计艺术的发展的研究，首先要了解人们对社会的理想模式，包括社会制度、核心价值观、审美哲学、生存状态和生活方式等方面的理想、期望、要求或者责任。这也是从规划（设计）的角度来解决当今社会的自然、伦理等诸多问题的主要手段。

0.1.1 工业设计的概念

什么是工业设计？一般认为，工业设计由英语词组 Industrial Design 直译而来，是以工学、美学、经济学为基础，对工业产品进行设计的一门专业学科，是 20 世纪初工业化社会的产物。然而，随着社会的发展、自然科学和社会科学的进步，以及不同时期人们对生活品质的需求的转变，工业设计的观念也在不断地发生深刻的变化，这使得工业设计的定义和内涵也在不断地修改和调整。工业设计真正为人们所认识和发挥作用是在工业革命爆发之后，是以工业化大批量生产为条件发展起来的。

由于这一时期的工业生产强调大规模、工业化，势必导致工业产品的粗制滥造，进而影响人们的日常生活。传统的工业设计作为改变这种状况的必要手段，理所当然地登上了历史舞台。这里，所谓的"传统工业设计"，是以产品设计为核心。而随着时代进步，设计内涵更加广泛

和深入。人类已进入现代工业社会，设计所带来的物质成就以及对人类生存状态和生活方式的深刻改变，使得传统工业设计的狭隘性逐渐显现，"传统工业设计"已不再能充分地代表工业设计的各个方面，涵盖工业设计的所有领域。简单来说，就是不能用传统工业设计这一概念很好地描述当时的社会整体理想，于是，现代工业设计的概念应运而生。

一般意义上的现代工业设计起源于第一次世界大战后德国成立的包豪斯设计学院，它是世界上第一所完全以发展现代设计教育为目的而建立的学院，它的成立标志着现代设计的诞生，并对世界现代设计的发展产生了深远的影响。包豪斯虽然是建筑学院，但一直没有设立建筑学专业，到1933年关闭之前，主要是以产品设计为主。受纳粹迫害而几易其所的包豪斯，先后经历了魏玛、德绍和柏林三个阶段，但其目的始终是培养新型设计人才。在设计理论上，包豪斯提出了三个基本观点：艺术与技术的新统一；设计的目的是人而不是产品；设计必须遵循自然与客观的法则来进行。这些观点对于工业设计的发展起到了积极的作用，使现代设计逐步由理想主义走向现实主义，即用理性的、科学的思想来代替艺术上的自我表现和浪漫主义。现代工业设计就其不同的内涵而言，可以分为两个层次，即广义工业设计和狭义工业设计。狭义工业设计与传统工业设计的概念接近，始终坚持以产品设计为主，因此到今天，产品设计依然常常被称为"工业设计"；广义工业设计是指"为达到某一既定的目的，从构思策划到实行建立切实可行的实施方案，并用完整、明确的方式表示出来系列行为""它包含了一切使用现代手段进行生产以及服务等的全部设计过程"。

长期以来，被广泛接纳并应用于工业设计教育的概念，是国际工业设计协会（International Council of Societies of Industrial Design，ICSID）1980年在巴黎为工业设计所做的定义："就批量生产的工业产品而言，拼接训练、技术知识、经验及视觉感受而赋予材料、结构、形态、色彩、表面加工及装饰以新的品质和资格，叫作工业设计。"该定义不但包括了作为传统工业设计的主体的产品设计的诸多方面，而且把对包装、宣传展示、市场开发等问题，用工业设计的相关技术知识和经验和视觉评价能力来解决，并归入工业设计的范畴。然而，这只是对国际工业设计协会工业设计的定义修正，并不是最初的定义。

0.1.2　工业设计无处不在

对于生活在地球上的人们来说，工业产品与人们的生活息息相关。每一天从清晨按停闹钟、起床刷牙，直到夜晚爬上床、熄灯睡觉，无论是否察觉，每个人无时无刻不在与身边形形色色的产品打交道。而每件被我们使用的产品背后，或多或少经过了设计。在有意无意之间，我们通过对身边产品的选择构建着我们的生活，定义着各自的品位。而国家或民族，也正是通过其所生产的产品，传达着各自的实力、文化与价值认同。

因此，无论一件产品多么小、多么平凡、多么不起眼，即虽存在于生活中，我们却丝毫没有察觉（在意），但都是人类物质文明的重要组成部分。就像我们经常说的一句话——只有当失去时，才会真正明白拥有的意义，很多时候，或许只有当生活中那些不起眼的小产品突然从身边消失，我们才会重新意识到它们的价值，以及创造这些价值背后的设计与巧思，如回形针（图 0-1）。

图 0-1 普通的回形针

小小的回形针虽然不起眼，但作为一件人造产品，它的影响力渗入每个人的工作和生活之中。

回形针从诞生之初到现在已经有一个多世纪，中间经历了不断的技术发展和设计改良，如果精确计算年份的话，应该是横跨了现代人类文明三个世纪的一件人造产品。我们可以从时间和空间两个维度来想象一下，这个世界上有多少地方、多少人使用过回形针，答案一定是非常惊人的。正像前文所提到的，我们生活中所接触到的每件产品，事实上都是经过"设计"的。以回形针为例，做个小小的"测试"，让我们换一个角度来亲身感受一下，在"微乎其微"的产品背后的设计工作。接下来，请读者花两分钟时间，以最快的速度尽可能多地列出"回形针具体满足了哪些设计要求？"

下面我们来揭晓一下，普通的回形针背后至少需要满足这七大设计要求：

（1）能有效夹住一定厚度的纸；

（2）使用时不会轻易地刮破纸；

（3）不容易缠绕在一起；

（4）夹在纸上不能太突兀；

（5）体积小而且便于储存；

（6）尽可能少用材料以降低成本；

（7）使用方式方便快捷。

图 0-1 所示的是市场上最普遍的一种双椭圆式回形针，也是历史上使用时间最长的一款回形针。根据以上列出的设计要求，我们不难发现，极简的双椭圆样式的设计很好地满足了这些要求：弧形的端头使纸张不容易被刮破，紧密相切的内外两个椭圆确保回形针之间不会相互缠绕，内外两个椭圆的大小、位置和比例关系有效地控制了回形针的夹持能力，对弹性钢丝的纯粹应用使扁平化、小体量、低成本和易使用皆得以实现。难怪这款双椭圆样式的回形针自 19 世纪末被设计发明出来后，除进行了一些局部的细节改动外，至今仍被广泛使用。

以上的例子无非想说明这样一个概念：我们的生活已经和人造产品紧密地融在了一起，生活中所有我们或许早已习以为常的物品背后，事实上

都离不开设计和创新。这是一份重要的工作，而一个好的设计未必一定要轰轰烈烈，在一件平常而被持久使用的物品背后，都有着经典的设计。

0.1.3 工业设计的作用

工业设计究其实质，是对"批量生产的工业产品，凭借训练、技术、经验及视觉感受，赋予产品以材料、结构、形态、色彩、表面加工，以及装饰以新的质量和性能。当需要工业设计师对包装、宣传、市场开发等方面开展工作，并付出自己的技术知识和经验时，也属于工业设计的范畴。工业设计的核心是产品设计"。因此，设计是连接企业与市场的桥梁：一方面，将生产和技术转化为适合市场需求的产品；另一方面，将市场信息反馈到企业，促进企业的发展。

在今天，工业设计的目的，不仅仅是设计一个可用的东西（功能主义），也不仅仅是设计一个可看的东西（工艺美术运动），应该是为了使人们的生活更加便利、高效、舒适和清洁，而开创一个美的生活方式。在这个基础上，还要兼顾环境的、文化的、道德的和社会伦理的要求，向人们提供一个新的生存模式。可以说，工业设计是在设计人的生活方式，是在引导人们的生活潮流。纵观当今世界，那些发达的、经济条件好的国家，无不重视工业设计，工业设计被称为"创造之神""富国之源"。工业设计一直被经济发达国家或地区作为核心战略予以普及与推广，西方国家、日本、韩国均以"工业设计立国"的发展策略作为国家的基本策略。长期以来，中国劳动密集型的生产模式（OEM）所带来的恶果，在 2008 年爆发的金融海啸来袭之后，显得尤为突出，可以说，研发设计的缺失体现的是中国战略缺失。

随着"中国制造"转型升级到"中国创造"思潮在中国的不断发酵升温，工业设计已经从一个行业上升为国家策略。2007 年 2 月 13 日，温家宝总理做出重要指示："要高度重视工业设计"，表明了我国政府对于工业设计的重视已经上升到了政府层面。2008 年 3 月 13 日，在国务院办公厅出台的国办发〔2008〕11 号文件《国务院办公厅关于加快发展服务业若干政策措施的实施意见》中，把工业设计作为一种业态，清晰地纳入现代服务业。在中国的国家级政策中，第一次提到工业设计。在国家"十二五"规划纲要中，已经把"促进工业设计从外观设计向高端综合设计服务转变"，当作"深化专业化分工，加快服务产品和服务模式创新，促进生产性服务业与先进制造业融合，推动生产性服务业加速发展"的重要内容。在国家"十四五"规划纲要中，提出聚焦提高产业创新力，加快发展研发设计、工业设计、商务咨询、检验检测认证等服务。工业设计在中国已经被提高到国家战略的高度，在创意产业助力产业经济结构转型升级，从源头上提升中国综合国力之软实力的过程中，必将发挥出重要的作用。

1. 对社会经济发展的直接作用

（1）设计质量的提高和对产品各部分合理的设计、组织，促使产品与生产更加科学化，科学化的生产必将推动企业管理的现代化。对于产品的开发，现代企业不能满足于开发一个，生产一个，应该开发一代，生产一代，储备一代。这样的新产品开发战略，才能使企业立于不败之地。

（2）创新的设计，能促使产品开发和更新，提高市场竞争力，促进产品销售，增强企业经济效益。

（3）设计充分适应和满足人们对产品物质功能和精神功能两个方面的要求，使企业扩大生产范围，给人们创造出多样化的产品。

（4）设计的审美表现力成为审美教育的重要手段之一。在没有工业设计的年代或设计落后的年代，提起欣赏艺术，人们想到美术馆、艺术馆、影剧院；而今，工业设计师们将艺术造型融合于实用品中，使美的观念从画布、画笔之间的狭小缝隙中扩散开去，融进一把椅子、一支钢笔、一台计算机或者一辆汽车。优良的工业设计所传达的艺术信息，远比纯艺术的绘画、雕塑要多得多，它给平凡、实用的劳动与生活过程带来了显而易见的艺术魅力。

（5）设计促进了社会审美意识的整体提高，对发展人类文明起到潜移默化的积极作用。当一个社会的所有成员都努力追求使用优良设计的产品，并使之蔚然成风时，这个社会便会成为一个文化素质较高的社会。

2. 新形势下的历史作用

面向未来的工业设计应该担负起助力产业转型升级，创新服务模式，促进服务业与生产融合，规划新形势下的工作、生活方式以及建立新的道德标准的历史作用。

（1）工业设计责无旁贷地要为产业的转型升级提供动力。在今天的世界，尤其是现在的中国，转变传统的生产方式已经是无法回避的现实问题，设计策略应该也必须成为企业发展的核心策略。设计策略是企业经营策略的组成部分之一，是企业有效利用工业设计这一经营资源，提高产品开发能力，增强市场竞争力，提升企业形象的总体性规划。设计策略一般包括产品设计策略、企业形象策略，还将逐步渗入企业的营销设计、事业设计、组织设计、经营设计等方面，与经营策略的关系更加密切。其目的是要使各层次的设计规划相互统一、协调一致。

（2）工业设计应该对协调全球环境、社会、人、文化和可持续发展之间的关系进行系统的规划。大工业时代所带来的资源、环境等问题，以及由此引发的价值观的偏颇问题、道德的问题、伦理乃至战争问题，无一不在告诉我们，以牺牲环境、透支全球资源为代价的工业社会是不可持续的。信息时代如何更好地协调环境、社会和人的关系，是工业设计必须研究的方向和需要负起的引导一般大众的责任。

（3）工业设计应该树立健康、道德、可持续生活方式的标尺，引导人们建立新的生活方式。大工业时代面临的主要问题，其背后核心的形而上的原因，就是求新、求变、追求刺激，是享乐主义的生活方式。而追求刺激，可以诊断为是现今所有城市问题的主要症结所在。这就需要通过优秀的工业设计来塑造新的、健康可持续的生活方式。

（4）工业设计研究的核心问题应该是探寻人类的生存问题，这也是需要全人类共同探寻的亘古不变的话题，是一切创造的全部意义之所在。上升到宇宙的宏观视角，人类对自然界的作用极其有限，而自然对于人类而言，则意味着全部。在这个问题上，如何健康地、无害地、可持续地生存下去，应该是全人类需要探讨的主题。这里自然也包括工业设计。

从长远来看，在中国设计创意产业中，工业设计是最具潜力的领域之一，同时最需迫切发展的也是工业设计。工业设计需要尝试从另外一些不同的角度，去"将市场的竞争与需求转换成产品的新造型、新趣味，以提升具有吸引消费者的附加价值"，这也将是产品设计今后要充分考虑的方向之一。作为改变中国经济模式的前沿工业设计，在"中国制造"向"中国创造"转变的过程中，也必将发挥前所未有的先锋作用。

0.2　认识设计程序与方法

0.2.1　如何理解程序和方法

产品设计是一项复杂的系统工程，期间需要多个环节配合完成。在产品开发的过程中，如果程序设置不合理，环节衔接不畅会影响产品的开发，造成进程的缓慢与停滞，问题如果得不到解决，可能会导致产品开发的失败，给企业带来巨大的经济损失。因此，在进行产品开发时，对于产品设计的整个流程要有宏观、清醒的认识，对于期间所涉及的每个环节都要进行深入了解，运用科学、合理的产品开发程序，只有这样，才能够提高工作效率，保证产品开发的成功率。

1. 程序

所谓"程序"，是指为进行某活动或过程所规定的途径，是管理方式的一种。科学合理的程序能够发挥出协调、高效的作用，减少过程中出现的问题。笼统地说，程序可以指一系列的活动、作业、步骤、决断、计算和工序，当它们保证严格依照规定的顺序发生时即产生所述的后果产品或局面。程序包含输入资源、过程、过程中的相互作用（结构）、输出结果、对象和价值六个元素。无论用什么样的语言来表达，一个完整的程序多数包括这些要素。

无论做任何事情，首先强调的就是程序。有句名言讲"细节决定成败"，程序就是整治细节最好的工具。于是，所有的工作，无时无处不在强调程序。可是，当人们只关注形式而不关注实质时，有些事情就发展到了它的反面。程序不是医治百病的灵丹妙药。但对工业设计的学习阶段而言，了解并掌握程序会起到事半功倍的效果。下面可以通过一个例子来说明"程序"的重要性。

有一台老式的单面烤面包机，能一次性地放入两片面包进行烘烤，但每次只能烤熟一面，当面包的一面烤熟后再手工翻面烤另一面。烤熟面包一面的时间为 1 min。如果要烤熟三片面包最短需要多长时间？通常可以用两种程序来完成这项工作，见表 0-1。

学习笔记

表 0-1　烤面包片不同程序对照

步骤	程序一	程序二
第一步	放入两片面包,烤熟一面需要 1 min	放入两片面包,烤熟一面需要 1 min
第二步	将两片面包翻面烤熟,又需要 1 min	将其中一片面包翻面继续烤至全熟,把另一片烤熟一面的拿开,再将没烤过的那一片面包放入烤面包机烤熟一面,需要 1 min
第三步	将两片烤熟的面包取出,将第三片面包的两面烤熟,需要 2 min	将两面烤熟的面包拿出,再将剩下的两片面包中生的一面烤熟,需要 1 min
总计	需要 4 min	需要 3 min

"程序一"是大多数人会采用的方法,将操作的程序调整一下有了不同的结果。同样的工作,采用不同的程序会有不同的结果,科学合理的程序能够明显提高工作效率。因此,人们在进行产品设计时也应当掌握正确的设计程序,这样才能事半功倍。

2. 方法

方法的含义较广泛,一般是指为获得某种东西或达到某种目的而采取的手段与行为方式,是人们成功办事不可缺少的中介要素。在哲学、科学及生活中方法有着不同的解释与定义。有人说"方法"一词是源于希腊文,含有"沿着"和"道路"的意思,表示人们活动所选的正确途径或道路。其实早在 2 000 多年前,在墨子著作《墨子·天志》中就有对方法的阐述:"今夫轮人操其规,将以量度天下之圜与不圜也,曰:'中吾规者,谓之圜;不中吾规者,谓之不圜,是以故圜与不圜,皆可得而知也。此其故何?则圜法明也。匠人亦操其矩,将以量度天下之方与不方也,曰:'中吾矩者,谓之方;不中吾矩者,谓之不方。'是以方与不方,皆可得而知也。此其故何?则方法明也。"

人们经常强调:"工欲善其事,必先利其器。"这也就是人们所说的"事必有法,然可成。"可见,办事时使用一定的方法,才会成功。

在英语中,"方法"一词最常用的是 method,从词根上来看,意思是"按照某种路径/途径"(希腊词根中"沿着""道路"的意思),引申理解的话有"行进去向某处的途径"之意。所以无论是汉语还是英语,从"方法"一词的语义出处上来看,都有一个目的性存在。前者是指判别方或不方,后者则是指去向某处。然而有一句话叫作"条条大路通罗马",我们经常会发现,去一个地方的"道路"可以有很多条;对于一个目的,其实现方法和手段也不止一种。对此,我们可以从两个方面来展开进一步理解。

首先,仍用"道路"来举例的话,对于一个目的地来说,从东西南北各个方向过去的路可以有很多条,如果把方法理解为实现某一目的的路径和工具,那么这样的路径和工具不仅取决于目的地,取决于出发点。

对于同一个目的地,事实上是出发点决定"道路"所"沿"的方向,从不同的出发点出发,"所沿的道路"(方法)就各不相同。当讨论设计的方法时,同样如此。因此,在做设计的时候,明确出发时的立足点和方向非常重要,这会直接决定设计"行进"过程中的路径和工具。本书将给出三种不同的决定方向的要素,即三种不同的"设计视角"。不同的视角,意味着不同的设计方向,也对应着不同的设计方法。

其次,即便是同样的出发点和目的地,方法也并不是唯一的,而是多元的。举例来说:在城市中,人要从 A 点到 B 点的"方法"可以很多:可以骑共享单车;可以自驾车(或乘坐出租车、网约车);可以乘坐公交车;可以乘坐地铁;也可以步行或跑步。目的是去往同一个地方,但选择的策略、途径和工具不同,人们在通勤中的时间和经济成本就不同,所经历的体验和感受也不同:若想要锻炼身体或是享受户外时光,可以

选择骑车或步行；若是想要躲避拥堵并准时到可以选择地铁；若想要轻松舒适可以选择出租车。可见，方法的选择不仅取决于"方向"，同时也取决于我们"侧重"什么，而侧重什么取决于我们的"视角"。

在此可以总结一下：方法是一个由策略、途径和手段等所组成的选择性系统。

方法的选择取决于上文所提到的方向和侧重。从辩证的角度来看，设计的方法没有绝对的唯一标准，世界上没有十全十美的设计，也不会存在包罗万象的设计方法大全。因此，设计方法的选择都是相对的。不同的视角下，所追求的"方向"和"侧重"会不同，所选择的策略、途径和工具也会不同。本课程正是在这样一种方法多元性的原则基础上开展的。因此，本课程中的设计方法不是什么"万能钥匙"，而是希望通过对特定视角下设计方法的介绍与讲解，为基于多元性原则的设计方法的学习和掌握，提供一些思路与参照，进而启发学生，使学生能够融会贯通，举一反三，灵活变通地理解和掌握设计方法的要义。

0.2.2　学习工业设计程序与方法的意义

1. 协调设计团队，指导设计开发实践，使设计科学化、规范化

如前文所述，在当今科技飞速发展、行业交叉异常深入的时代，产品开发是一项由诸多环节组成的系统工程。一般来说，由一个设计师独立完成复杂设计流程中的每项具体任务是不现实的，尤其在企业开发新产品的过程中，往往需要包括设计师、工程师以及各个领域专家在内，具有各种专业背景人员所组成的团队进行协同合作。在这样的团队合作中，根据具体情况预先制订相应的设计程序和方法有着重要意义。在团队合作中，分工合作是最主要特征，只有采取分工合作的方式才能保证产品开发的每一环节都由最合适的人员来完成，并且是关系产品开发成功与否的关键所在。在设计中如何恰当地安排计划，使用有针对性的解决方案、执行程序和工作方法，让复杂的设计过程得以顺利进行是工业设计程序与方法的重要内容。工业设计的程序与方法就是在长期的实践中逐步积累起来的一整套行之有效的设计开发流程和规范，也是企业设计管理的主要内容之一。使这些程序和方法可以让看似千头万绪的产品开发过程变得脉络清晰，有章可循。这将有利于协调设计部门内部人员之间、设计部门与其他部门之间的关系，合理分配人力、物力、财力资源，对于指导设计人员在开发过程中将产品的整个生命周期从产品投放市场到报废处理的所有因素加以综合考虑，并充分利用企业内的一切资源，以保证产品开发的顺利进行。

2. 整合不同领域知识，在实际的设计环境下检验和完善设计方法和程序

工业设计中的程序与方法不应是设计理论家们坐在书斋里冥思苦想出来的空洞理论，而是对长期实践过程中逐渐积累起来的具体设计方法和程序的总结和概括。这些方法和程序整合了不同学科的知识、凝聚了不同领域专家的智慧结晶。现在企业内的产品开发问题变得日益复杂，在产品开发中不存在两个完全相同的设计问题。工业设计的程序与方法作为指导设计实践的一般原理和基本方法，不可能对设计开发中的诸多具体而细微的问题做出——解答。如果幻想用有限的设计方法去解决无限的设计问题，是注定要失败的。因此，这就要求我们在运用设计程序与方法去指导设计实践时必须考虑到我国的国情和企业的实际，在具体的设计环境中检验和论证设计程序和方法的合理性、有效性，并不断地在实践的基础上对其加以充实和完善。

工业设计在我国的传播与发展已有几十年的历史。虽然经过一代人的不懈努力，已经取得了可喜的成果，同时工业设计的重要性也已引起社会各界，特别是各级政府的重视，但是毋庸讳言，我国的工业设计的发展水平与发达国家的发展水平相比还有不小的差距。这一差距与我国工业基础相对薄弱、工业设计起步较晚的国情有关，其中一个重要原因是我国的工业设计发展至今仍然存在着设计教育与产业界的设计实践相互脱节，缺乏有效的沟通。一方面，设计教育界热衷于对各种设计理念、设计方法的引进和宣扬，但对于这些理念、方法的本土化"改造"下功夫不够，这就造成了原本在国外已被证明确实可行的好的理念和方法，由于没有考虑国内企业的实际，因此未能在企业产品开发中发挥其应有的作用。另一方面，相当多的国内产业界人士对于工业设计在产品开发中的重要性认识不足，特别是许多企业的产品开发还停留在"一抄二改三跟风"式的低层次状态。另外，一些设计公司在完成企业设计委托业务的过程中，或出于经济效益的考虑或迫于企业在提交设计方案时间上的要求，常常不能按照设计程序规范地开展设计工作，因此导致设计质量不高。这显然无法适应经济全球化带来的市场竞争日趋激烈的形势。

由于上述原因，在设计院校中不少学生对工业设计方法和程序的学习存在以下两种错误的认识：没有认识到工业设计是一个系统工程，学习中仅对工业设计专业课中的徒手表达、计算机辅助设计等视觉型、技能型知识感兴趣，而对设计程序、方法之类的理论性知识的专业性认识不足。将工业设计的程序和方法当作僵死和固化的教条，在学习时生搬硬套、囫囵吞枣，仅满足于对具体的方法与程序的死记硬背。

在工业设计程序与方法的学习中，应该做到两点。第一，端正态度、系统学习、全面把握。学习工业设计的程序与方法首先必须明确工业设计在产品开发中的位置和重要作用。系统化、规范化的工业设计程序和方法的目的是应对日益复杂、艰巨的产品开发任务。当今的产品开发面临的最大问题是，随着社会成员个性化需求的出现，以往那种某个产品可以一成不变地生产销售多年的历史已不复存在，产品的生产呈现出"小批量、多品种"的特点，产品生命周期也变得越来越短，这就对产品开发造成巨大的压力。它迫使企业不得不将产品开发的时间缩短，于是以往由一个或几个设计师就可以从容应对的产品开发全部项目的传统模式在当下不再行之有效。人们越来越深刻地意识到，工业设计的精髓在于它是一种解决问题的方法，而不是一种装饰技巧。工业设计作为产品开发全过程的创新活动之一，工业设计师也只有与企业中的决策部门、工程技术部门、市场营销部门中的人员开展良好有效的合作才能发挥其作用。对工业设计的程序和方法的学习，将有助于在日后的设计实践中更快地适应企业快节奏的产品开发活动，以便在较短的时间能成为本部门的行家里手，有更多的机会参与企业的产品开发的决策活动，提升工业设计师在企业产品开发决策中的发言权，以促进工业设计的良性发展。第二，坚持在实践中深化和完善对工业设计程序与方法的认识和理解。工业设计是一门实用科学，它的所有原理、方法、程序都源于人们的生产、生活的实践。学习工业设计的程序与方法不能满足于对书本知识的一般性的概念理解，更重要的是通过实践掌握贯穿这些概念的原理和规律，这些原理和规律才是工业设计的程序和方法的精华所在。另外，任何学科的程序和方法都不是僵化的教条，这一点在工业设计这样一门以创新为灵魂的学科中体现得尤为明显。这就要求我们在对工业设计的程序与方法的掌握和实际运用时，坚持理论联系实际，对书本上的知识加以灵活运用并变通，以便更好地发挥工业设计在产品开发中的作用。

0.3 工业设计师的基本要求

　　工业设计是科学与艺术的结合，是多种学科高度交叉的综合型学科，因此设计师作为设计创造的主体，必须具有多方面的知识与技能，从业人员需要具备全方位的知识结构（图0-2）。

　　工业设计师 =30% 的科学家 +30% 的艺术家 +10% 的诗人 +10% 的商人 +10% 的事业家 +10% 的推销员。这既是对工业设计师的各种能力的概括，也传达了对工业设计师的总体要求。

　　一般来说，工业设计专业培养以立体工业产品造型为主，以视觉传达设计为辅，具备工业设计的基本理论、知识与应用能力，能在企事业单位、专门设计部门、科研院所、高等院校从事工业产品造型设计、视觉传达设计、环境设计和数学、科研工作的应用型高级业设计师。

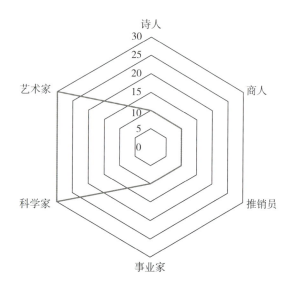

图 0-2　设计师知识结构

0.3.1 知识体系

　　设计师是设计创造的主体，应具备多方面的知识与技能。国际工业设计协会联合会对设计师的定义是："工业设计师是受过训练，具有技术知识、经验和鉴赏能力的人；他能决定工业生产过程中产品的材料、结构机构、形状、色彩和表面修饰等。设计师可能还要具备解决包装、广告、展览和市场等问题的技术知识和经验。"

　　工业设计师应具有较扎实的自然科学基础，较好的人文艺术和科学基础及正确运用语言、文字的表达的能力，较系统地掌握本专业领域宽广的技术理论基础知识，主要包括设计表现基础、产品设计基础、设计理论、人机工程、产品制造技术基础、计算机辅助设计、产品包装装潢、广告、企业形象设计及企业管理等基础知识。此外，还应具有新产品开发与研究能力，具有较强的设计表达技能、动手能力、创造性设计能力。如图 0-3 所示，二维及三维效果图的绘制是基础设计技能，是设计者通过工具将头脑中的设计实现并展示出来的有效途径。图 0-4 中的模型手板制作是设计后期对设计方案的一种检验，可以校正设计中出现的问题。

学习笔记

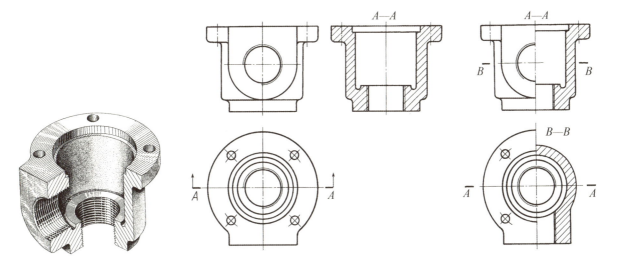

图 0-3　二维及三维效果

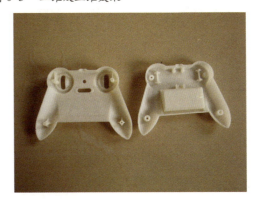

图 0-4　模型手板

0.3.2　技能体系

　　工业设计的设计师与一般的设计师有所不同，他不仅要有美术的基础，还要对其设计产品的工艺非常了解。美术院校和工科院校是有区别的。美术院校给人是感官的东西、外在的东西，工科院校注重的是内核的东西、内在的东西，工业设计要实现设计知识与专业知识的融合。

　　工业设计的设计师应具有以下技能：

　　（1）有优秀的草图和徒手作画的能力，下笔应流畅而不呆滞，关键是快而不拘谨；

　　（2）有很好的制作模型的技术；

　　（3）必须掌握一种矢量绘图软件（CorelDRAW）、一种像素绘图软件（Photoshop）；

　　（4）掌握一种二维绘图软件（AutoCAD 等）；

　　（5）至少能使用一种三维造型软件；

　　（6）能独当一面；

　　（7）在形态方面具有很好的鉴赏能力，对正、负空间构架有敏锐的感受能力；

　　（8）拿出的设计图样从流畅的草图到细致的刻画到三维渲染一应俱全；

　　（9）对产品从设计制造到走向市场的全过程有足够的了解；

　　（10）在设计流程时间的安排上要十分精确。

工业设计是一门实践性学科，光凭书本上的知识还远远不够，需要实际项目操作并真正参与设计生产过程才可以更真实、准确地感受到。对设计师来讲，实践经验非常重要，尤其是与大批量生产相关的实际操作经验。很多学生作品的想法很好，产品表现力也很强，但大多有一个通病，就是无法使产品批量生产，归根结底还是因为他们缺乏实际操作经验。掌握一定的实际操作经验，是设计顺利展开并成功投入生产的前提。

0.3.3 人员素质

1. 发现问题和解决问题的能力

简单来说，工业设计的过程就是一个发现问题和解决问题的过程。设计首先要明白"解决什么问题"；其次分析"用什么解决"；再次，设计"具体怎么解决"；最后，在条件允许的情况下思考"这个解决办法是不是可以改得更好"。

发现问题是设计的第一步，但很多学生，甚至设计师本身不会发现问题。现实生活中的大部分产品存在设计问题，如输液时，病人只能有一只手自由活动，并且不能随意行动，极其不方便；计算机电源在突然断电时会暴力关机，未保存的文件便随之丢失；视力有问题的人使用指甲刀会非常费力等；这些都是生活中的问题，但为什么说很难发现？其原因如下：

一是因为缺乏"以人为本"的理念。很多人会把产品操作失误看成自己的责任，"人是要适应机器的"这种理念"害人不浅"。产品生来就是为人服务的，一个好的设计是不会让操作者失误的。

二是固有思维的限制。对产品的固有认识限制了创新思维的发展。一个合格的设计师在进行产品造型设计之前都会对自己将要设计的产品设定一个新的产品概念定义，这个新的产品概念定义一般会包含比较大的范围，以便思维不会受到过多的束缚。例如，在进行课题设计时，如将设计题目定位为"灯具设计"，很多学生会按照头脑中已有的灯的样式去做加减法，很难有新意；如将设计题目定位为"光的提供方式"，那么蜡烛可以产生光、电可以产生光、萤火虫可以产生光等想法就都会跳出来，大幅拓展了问题的解决方式，也更容易产生好的作品。

发散思维（Divergent Thinking）又称辐射思维、放射思维、扩散思维或求异思维，是指大脑在思维时呈现的一种扩散状态的思维模式。它表现为思维视野广阔，思维呈现出多维发散状，如"一题多解""一事多写""一物多用"等方式。心理学家认为，发散思维是创造性思维的最主要的特点，是测定创造力的主要标志之一（图0-5）。

传统的洗菜盆沥水不方便使用，而旋转沥水菜篮巧妙采用双层结构，可以快速沥水，在倾斜倒水的同时，内篮不动（图0-6）。

图0-7中所示的创意插头是由Seungwoo Kim设计的，是在传统插头外观的基础上进行改革，把插头的插拔部分设计成一个圆环，这样，在拔掉插头时就会非常方便。另外，设计师还在圆环内设计有一圈LED光环，这样可以让用户在夜间迅速将其找到，并且很方便地拔下。

2. 创新意识

创新是工业设计的本质，创造力是设计师最大的财富。设计师每天都要思考，时时刻刻都要创新，永远不能停下来，这样才能不断推出好的作品。工业设计的创新，需要一定的有关方面资料或条件，然后对各种设计的元素进行组合、加工、提炼、综合，从而创造出新的概念和新的产品。

由英国设计师戴森设计的无叶风扇打破了人们对风扇必须有扇叶的传统认识，是风扇设计史上的一次革新（图0-8）。

图 0-5　发散性思维

图 0-6　旋转沥水菜篮

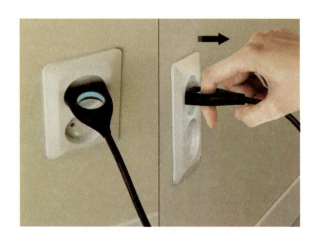

图 0-7　创意插头

图 0-8　戴森无叶风扇

3. 社会责任感

　　社会是设计扎根的土壤，而设计是真正影响社会的事业，社会责任感是设计师必须具备的素质。在提倡节能社会、可持续发展的今天，作为一名设计师，在产品设计中必须尽自己的最大努力满足企业或客户的需要，更要考虑使用者的需要和产品的社会效益。设计师的设计过程，就是创造生活的过程，一个小小的失误就有可能给使用者带来不便或伤害，严重的甚至会对社会造成危害。设计必须有益于社会、有益于人们的身体健康，这个信念必须坚定不移地贯穿整个设计工作过程。

　　出于环保、循环利用水资源的设计初衷，将洗手池和马桶连在一起，让洗完手的水流进水箱，可以用来冲洗马桶，使用十分方便，还能节约用水（图 0-9）。

　　近年来，塑料制品对人类健康的影响和对于环境破坏被人们广泛关注，塑料的分解需要数百年，塑料制品通常最终会在海洋中被动物食用。

　　图 0-10 所示为设计师采用环保回收纸质环保材料制作的 U 盘外壳，减少了塑料制品的使用量。

图 0-9　洗手池马桶一体式设计

图 0-10　环保材料 U 盘

| **工业产品设计的一般程序**

知识目标 《

1. 掌握企业产品设计的一般程序；
2. 了解不同企业产品开发程序，理解不同行业产品开发程序；
3. 了解不同国家产品设计公司的设计程序。

技能目标 《

1. 能够结合具体案例，总结产品设计程序的一般程序；
2. 能够在设计过程中灵活应用工业产品设计的一般程序。

素养目标 《

1. 通过学习工业产品设计的一般程序，培养方法意识和程序思路；
2. 通过对不同企业、行业产品开发程序的学习，树立对工业设计行业的正确认识，培养学生的逻辑思维能力，激发学生的民族情怀和自主创新意识；
3. 通过小组合作学习、讨论等形式，培养踏实、严谨的学习态度，克服学习障碍的意志品质，树立良好的职业道德，具有自信心和社会责任心、团队协作能力、创新意识。

1.1　企业产品设计的一般程序

企业开展产品开发工作后，总是希望它能够带来全新的产品、服务或观念，以最大限度地获得经济效益。通常，产品开发的过程是一系列相互关联的活动的整合，包括调查分析、设计开发、生产制造、广告销售、后期服务等诸多活动。产品设计包含在整个产品开发的过程之中，由各项符合市场开发与商业运作的技术活动构成。而产品开发活动中所涉及的商业、金融、管理等全部活动，以及产品销售市场与销售渠道的开拓活动，并不是产品设计过程必须包括的内容。

课件：工业产品设计的
一般程序

1.1.1　产品设计的基本程序

产品设计的基本程序就是产品设计的一般流程，也就是从产品项目立项开始一直到产品生产和销售的最终环节所需的基本步骤。企业产品设计的基本程序主要分为启动、概念、设计和实施 4 个阶段，每个阶段的工作包含了不同的环节，如启动和概念阶段各包含了 2 个环节，设计阶段包含了 13 个环节，实施阶段包含了 1 个环节（图 1–1）。

产品设计的各个阶段不是单独存在的，是一个交叉、循环进行的有机整体。在这个过程中，项目小组不断提出新问题、新思路来改进设计，最终获得理想的解决方案。因此，可以把产品设计的基本程序视为一个"阶段—环节"构成的系统：所谓阶段，就是由周期性出现的各个环节串联在一起的子系统；所谓环节，是由上级管理部门、客户或设计小组对前面的工作做相关评价后，确定下一步工作是否值得继续，怎样进行的每一个步骤。

项目立项就是确定具体的设计任务，是设计的第一个环节。在这个环节中，设计团队不仅要详细了解设计的内容，还要非常透彻地领悟设计的目的。因为

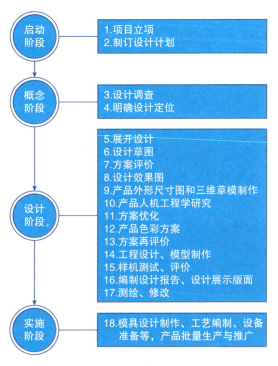

图 1–1　产品设计的主要流程

不同的设计目的，设计重点、设计方向、设计策略等是不同的。一般来说，企业产品设计有以下几种目的：

（1）盈利：以新产品开发作为收益源，确保企业利润。

（2）扩市：为了适应市场的变化，一般通过改良设计来提高市场占有率。

（3）保先：通过保持技术和设计的先进性来维持在市场的领先地位。

（4）促发展：通过创新设计和概念设计来为企业的发展积累设计资源。

由于每个设计任务都有设计周期，在项目立项后，设计团队首先要根据设计任务的要求制订设计计划。在制订设计计划前，应对整个设计有全面的衡量和分析，明确设计的重点和难点，理解每个设计环节之间的关系、目的和手段，从而合理地分配每个环节的时间，以保障设计进度顺利完成。如汽车设计和数码产品设计，前者对技术、结构的了解及油泥模型制作等环节比后者要花更多时间，所以在制订设计计划时，需要设计师根据基本的设计程序和自己的经验来科学安排每个环节的时间，让设计工作有序开展、准时完成。

启动阶段工作完成后，就要进行设计调查，掌握消费者的需求后设计师应明确以下问题：

（1）现有产品在使用方面有哪些问题？

（2）现有产品为什么不能实现用户希望的功能？

（3）用户希望设计师设计什么产品？

进行设计调查，可以明确设计的概念，找到准确的设计定位，为后续设计阶段工作打下基础并指明方向。

设计阶段的工作就是根据概念阶段的设计定位，充分发挥设计师自己的创造性，考虑到环境、使用、技术、结构、材料、工艺等因素，用草图、效果图、模型等三维形态把抽象的概念具体化，在不断评价、完善的过程中找到最合适的设计方案。最后，与工程、采购、销售、生产、策划等部门通力合作，把设计方案变成产品，推向市场。

由于设计要面对不同的文化、科技、市场、人群、经济等，作为设计的程序要随这些因素的变化而有所变化，但是万变不离其宗，对基本程序的掌握和灵活运用，是设计活动中很重要的一环。由于设计目的和侧重点不一样，设计程序会有一定的差异，但都是基于对基本程序的运用：改良设计是在已有产品的基础上进行的改进，设计调研的重点从产品本身的属性如功能、技术、外形等方面进行，启动阶段、概念阶段、实施阶段所花费的时间相对短些；方式设计是一种全新的设计，设计调研的重点从提高人们生活品质和改变产品的使用方式进行，启动阶段、概念阶段、实施阶段所花时间相对长些；概念设计是一种超前的"新概念"产品，设计调研的重点可以放在新技术、新工艺、新材料的发展趋势方面，可以暂不考虑实施阶段。

1.1.2 产品改良设计的基本程序

产品改良设计又称综合性设计，它是指对现有的已知系统进行改造或增加较为重要的子系统。换句话说，产品整体概念的任何一个方面的改变都可以视为产品改良，产品改良设计是针对已有产品的功能、结构、材料以及造型、色彩等方面进行重新设计。改良设计是设计工作中最为常见的设计活动。在物质产品极大丰富的今天，人们对于产品的选择不仅考虑它的使用价值，更多考虑的是产品被人赋予的"符号价值"。符号价值表达了产品拥有者的社会地位、生活方式和审美情趣。一句话，人们通过对物品的选择、使用，来向外界"表达"自己是谁、自己的存在状态以及自己与别人的不同之处。在这样的社会背景下，设计师就要通过对原有产品的改良设计，来适应消费者当前的生活方式和风格潮流，从而确保产品具有鲜明的时代特征，这是改良设计占据设计主导地位的最主要的原因。如苹果公司 iPod 音乐播放器的设计，就是对以往同类产品进行成功改良的典型案例。

1. 产品改良设计的内容

产品改良设计的主要内容包括以下三个方面：

（1）产品功能因素的改良。功能可以解释为功用、作用、效能、用途、目的等。对于一件产品来说，功能就是产品的用途、产品所担负的"职能"或所起的作用，根据产品功能的性质、用途和重要程度可以将其分为基本功能、辅助功能、使用功能、表现功能、必要功能和多余功能等。

（2）产品人机工程学因素的改良。人机工程学是研究人、机械及其工作环境之间相互作用的学科。众所周知，人类所创造的人造物是对人的生理、心理机能的延伸，而人机工程学正是在对人类本身的工作方式与机械的设计问题的讨论中发展起来的。对产品的人机工程学因素进行改良，就是在对用户的使用情况进行调查、分析的基础上，对原有产品中存在的不符合人机工程学要求的结构、尺度、功能、操作方式进行再设计，使改良过后的产品能更符合人的尺度并具有良好的人机界面，以满足使用者的操作习惯与使用心理。总之，产品改良设计中的人机工程学因素的改良的根本目的是改良后的产品具有良好的人机关系和适应性，使消费者在使用产品时可以真正处于主动地位，而不是被动适应产品。

（3）产品形态、色彩与材质的改良。人们在审视产品的过程中，产品的造型、色彩与材质等外在的视觉感受通常先于包括功能、性能和质量等内在因素作用于人的感觉器官，并会直接引起人的心理感受。因此，美国著名学者唐纳德·A.诺曼（Donald A.Norman）在讨论美在产品设计中的作用时就认为，"美观的物品使人的感觉更好，这种感觉反过来又使他们更具有创造性思考"，并由此得出结论，"美观的物品更好用"。一般来说，产品功能方面的改良会受到技术、经济成本等方面的制约，而对产品形态、色彩和材质方面的改良而言，则制约较小，有较大的发展空间；另外，面对激烈的市场竞争，这类改良具有较强的应变力。因此，对原有产品的形态色彩、材质进行改良设计，是产品改良设计中的主要内容，并在实际的设计工作中占有重要位置。

2. 产品改良设计的基本程序

产品改良设计往往具有较为明确的设计任务及产品未来的目标状态，而且在设计过程中可以获得丰富的可参考和借鉴的产品资料。产品改良设计在本质上是受市场、技术进步驱动的设计行为，是提高产品可用性，增强产品市场竞争力的重要手段之一。产品改良设计的程序可以视为一个由"阶段—环节"构成的系统，或者一个环环相扣的交替顺承的过程。一般将产品改良设计的工作分为 3 个阶段，即发现问题、分析问题和解决问题。在 3 个阶段中又有 10 个环节贯穿其中。这些环节在产品改良过程中非常重要，在每个环节的执行过程中，都会有企业公司的管理层或设计主管对相关工作进行评估，以确保设计过程沿正确方向进行。产品改良设计的流程如图 1-2 所示。

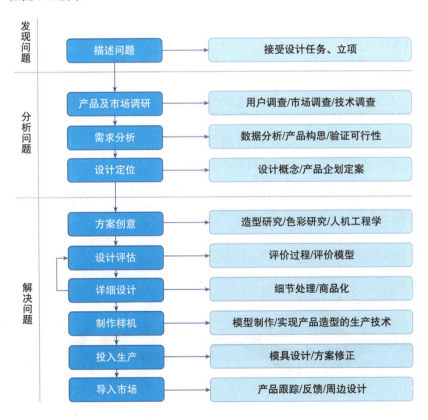

图 1-2　产品改良设计的流程

鉴于改良设计过程的复杂性和设计任务的具体特点，改良设计的设计程序也并非是一成不变的，根据具体设计对象的复杂性及设计团队的创新能力的差异，产品改良设计的程序可以进行适当的调整，这也正是"基本程序"含义的体现。

学习笔记

1.2 国内外设计公司开发程序

根据设计公司不同的组织机构形式，设计的专长不同，设计公司的程序在表现形式有所差别，但是实际内涵上设计公司的基本程序是相通的。

1.2.1 青蛙设计

在国际设计界最负盛名的欧洲设计公司当数德国的青蛙设计公司（FROG DESIGN）。作为一家大型的综合性国际设计公司，青蛙设计以其前卫、未来派的风格不断创造出新颖、奇特、充满情趣的产品。

青蛙设计的设计程序主要包括发现、设计、实现三个阶段，其中通过发现将分析转化为洞察，通过设计将洞察转化为创意，通过实现将创意转化为现实（图1-3）。在整个流程的实施过程中，我们可以看到发现环节中任何一条蓝色分支都可能通到绿色部分，绿色部分的结果也会反过来影响发现，这是一个通畅而又可逆的设计流程。

1.2.2 指南设计

指南设计（s.point）成立于1997年，是我国最具成功经验的创新设计团队。指南设计的设计程序包括洞察、想法发散和想法实现三个阶段。洞察阶段是指找出需要讨论或解决的机会或问题。想法发散阶段是产生思想、开发和测试的阶段，这些想法发展成最终的解决方案。想法实现阶段是将产品推向市场的实施过程。这些阶段是循环的流程，如图1-4所示。

发现
将分析转化为洞察
通过设计调研、市场分析和战略评估，我们深入洞察客户的目标用户、竞争对手、品牌特性和关键市场机会，为之后的设计和交付奠定了基石。

设计
将洞察转化为创意
我们生成一系列的设计方法和概念，为客户面对的挑战提供更为全面彻底的解决方案。所有概念在经过不断的审美、试验、改进后最终成为设计的方向。

实现
将创意转化为现实
在这一阶段，我们将为所有的项目细节附上详细说明，整理归档后交付给客户执行，或者我们亲自监控整个生产流程，来保证创意能精确地转化为现实。

图1-3 青蛙设计流程

图1-4 指南设计流程

1.2.3 浩汉设计

浩汉设计（Nova Design）提倡不仅要给客户提供设计方案，还能提供可以涵盖整个设计的价值链的解决方案，以亚洲生产资源为后盾，着重设计的易生产性。对于一个个案，会结合当地的条件与国外的资源，取各地之所长，运用到新产品的开发设计与制作，每一项都采用最前端的技术，成果自然显而易见。浩汉设计以电动车、摩托车、沙滩车、三轮车等车型设计著称。其主要设计流程包括问题概念化、概念可视化、从虚幻到拟真、设计商品化4个阶段，如图1-5所示。

1.2.4 IDEO

IDEO是全球顶尖的设计咨询公司，以产品发展及创新见长，始终将用户放在首位，深入理解他们的感受，探索他们的潜在需求是创新的关键所在。IDEO主要的设计程序包括与客户共同组建团队、体验设计寻找问题、头脑风暴提出方案、快速模型验证方案、运用技术解决方案5个步骤，如图1-6所示。

图1-5 浩汉设计流程

图1-6 IDEO设计流程

1.2.5　技奥设计

上海技奥设计（GEO Design）与日本东京总公司同步进行日本产品的设计开发，能够把握日本产品纤细、绵密的风格特征，拥有日本产品的细节处理和表面处理技术与工艺，不仅能为客户提供从策划到生产完整流程的设计服务，还可根据开发的条件和必要性进行增加和删减。技奥设计程序如图 1-7 所示。

1.2.6　MOTO 设计

韩国 MOTO 设计是位于韩国首尔的专业产品设计公司，其独一无二的创造力赢得了客户的喜爱。该公司的主要设计程序包括设计方向调查、设计阶段、初期科研报告、最终科研报告与后续工作 5 个阶段，如图 1-8 所示。

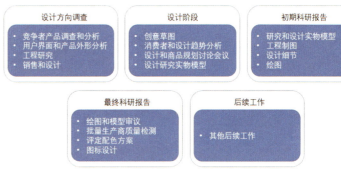

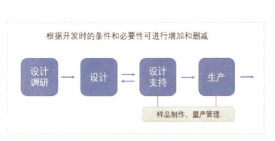

图 1-7　技奥设计流程

图 1-8　MOTO 设计流程

1.3　不同行业设计的开发流程

1.3.1　汽车开发设计

经过多年的发展，中国汽车市场已经成为全球发展最快的市场，整车企业间的竞争日趋激烈。对于汽车行业来说，汽车开发是一项非常巨大的系统工程，参与项目的人员多，项目周期长。为提高产品竞争力，引入产品并行工程程序，在项目开发初期和后期批量生产中的某些工作尽可能同时开始，可以大大缩短汽车开发周期，一般而言，整车开发的流程主要包括提出方案策划、概念设计、工程设计、样车试验、投产启动 5 个阶段。

学习笔记

1. 方案策划阶段

一个全新车型的开发需要几亿元甚至十几亿元的大量资金投入，投资风险非常大，通常要经过周密调查研究与论证。市场调研和项目可行性分析是新项目至关重要的部分。通过市场调研对相关的市场信息进行系统的收集、整理、记录和分析，可以了解和掌握消费者的汽车消费趋势、消费偏好和消费要求的变化，确定顾客对新的汽车产品是否有需求，或者是否有潜在的需求等待开发，然后根据调研数据进行分析研究，总结出科学可靠的市场调研报告，为企业决策者的新车型研发项目计划，提供科学合理的参考与建议。将初步设定的要求发放给相应的设计部门，各部门确认各个总成部件要求的可行性以后，确认项目设计目标，编制最初版本的产品技术描述说明书，将新车型的一些重要参数和使用性能确定下来。在方案策划阶段还有确定新车型是否开发相应的变形车，确定变形车的形式，以及种类等任务。项目策划阶段的最终成果是一份符合市场要求、开发可行性能够保证、得到研发各个部门确认的新车型设计目标大纲。该大纲明确了新车型的形式、功能，以及技术特点，描述了产品车型的最终定位，是后续研发各个过程的依据和要求，是一份指导性文件。

2. 概念设计阶段

（1）总体布置草图（图1-9）。总体布置草图的主要布置内容包括：车厢及驾驶室的布置，主要依据人机工程学来进行布置，在满足人体的舒适性的基础上，合理地布置车厢和驾驶室；发动机与离合器及变速器的布置；传动轴的布置；车架和承载式车身底板的布置；前后悬架的布置；制动系统的布置；油箱、备胎和行李厢等的布置；空调装置的布置。

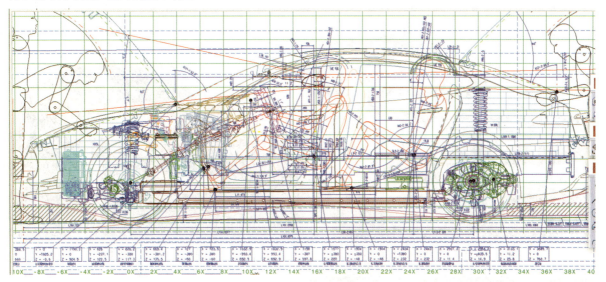

图1-9　总体布置草图

绘制汽车总布置草图是汽车总体设计和总布置的重要内容，其主要任务是根据汽车的总体方案及整车性能要求提出对各总成及部件的布置要求和特性参数等设计要求；协调整车与总成间、相关总成间的布置关系和参数匹配关系，使之组成一个在给定使用条件下的使用性能达到最优并满足产品目标大纲要求的整车参数和性能指标的汽车。

（2）造型设计。造型设计过程分为设计和模型制作两个阶段。

设计阶段包括设计草图和设计效果图。设计草图是设计师快速捕捉创意灵感的最好方法，最初的设计草图都比较简单，它也许只有几根线条，但是能够勾勒出设计造型的神韵，如图1-10所示。设计效果图是设计

师通过设计大量的草图来尽量为提出新的创意，再使用绘图软件进行绘制的产物，如图1-11所示。

随着计算机辅助设计的发展，越来越多的设计师使用各种绘图软件进行效果图的绘制。主要的绘图软件有Photoshop、Painter以及Alias SkethBook Pro等。

效果图能够让油泥模型师或者数字模型师看到更加清晰的设计表现效果，来保证以后的模型能够更好地与设计师的设计意图相一致。设计效果图绘制完毕后要先通过评审，再进行1∶5的油泥模型制作，如图1-12所示。

小提示　制作小比例模型主要是为了节约成本以及节省时间，一般的汽车厂家都会使用油泥作为材料来制作小比例模型，主要是因为其容易修改，便于在模型制作阶段不断完善。

在完成小比例油泥模型制作之后，将综合考虑包括美学、工艺、结构等各个影响生产的因素对模型进行评审，再进行1∶1的全尺寸油泥模型制作，如图1-13所示。

小提示　传统的全尺寸油泥模型都是完全由人工雕刻出来的，这种方法费时费力而且模型质量不能得到很好的保证，制作一个整车模型大约要花上3个月的时间；现在随着技术的进步，各大汽车厂家的全尺寸整车模型基本上都是由5轴铣削机铣削出来的，油泥模型师只需要根据设计师的要求对铣削出来的模型进行局部的修改。

为了更直观地观察模型，通常进行贴膜处理，以便检查表面质量并使其产生逼真的实车效果，如图1-14所示。

3. 工程设计阶段

在完成造型设计以后，项目就开始进入工程设计阶段，工程设计阶段的主要任务就是完成整车各个总

图1-10　设计草图

图1-11　设计效果图

图1-12　小比例油泥模型

图1-13　1∶1全尺寸油泥模型

图 1-14 油泥模型贴膜处理

成，以及零部件的设计，协调总成与整车和总成与总成之间出现的各种矛盾，保证整车
性能满足目标大纲要求，如图 1-15 所示。工程设计就是对整车进行细化设计的过程，各
个总成分发到相关部门分别进行设计开发，各部门按照开发计划规定的时间节点分批提
交零部件的设计方案。

　　小提示　所谓白车身，是指车身结构件和覆盖件的焊接总成，包括发动机罩、翼子板、
侧围、车门，以及行李厢盖在内，未经过涂装的车身本体。白车身由车身覆盖件、梁、支柱
以及结构加强件组成，是保证整车强度的封闭结构（图 1-16）。

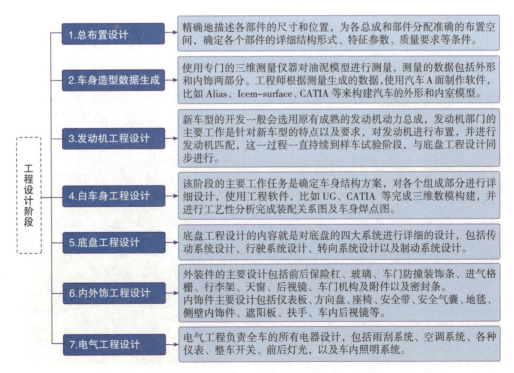

工程设计阶段	1.总布置设计	精确地描述各部件的尺寸和位置，为各总成和部件分配准确的布置空间，确定各个部件的详细结构形式、特征参数、质量要求等条件。
	2.车身造型数据生成	使用专门的三维测量仪器对油泥模型进行测量，测量的数据包括外形和内饰两部分。工程师根据测量生成的数据，使用汽车A面制作软件，比如 Alias、Icem-surface、CATIA 等来构建汽车的外形和内室模型。
	3.发动机工程设计	新车型的开发一般会选用原有成熟的发动机动力总成，发动机部门的主要工作是针对新车型的特点以及要求，对发动机进行布置，并进行发动机匹配，这一过程一直持续到样车试验阶段，与底盘工程设计同步进行。
	4.白车身工程设计	该阶段的主要工作任务是确定车身结构方案，对各个组成部分进行详细设计，使用工程软件，比如 UG、CATIA 等完成三维数模构建，并进行工艺性分析完成装配关系图及车身焊点图。
	5.底盘工程设计	底盘工程设计的内容就是对底盘的四大系统进行详细的设计，包括传动系统设计、行驶系统设计、转向系统设计以及制动系统设计。
	6.内外饰工程设计	外装件的主要设计包括前后保险杠、玻璃、车门防撞装饰条、进气格栅、行李架、天窗、后视镜、车门机构及附件以及密封条。内饰件主要设计包括仪表板、方向盘、座椅、安全带、安全气囊、地毯、侧壁内饰件、遮阳板、扶手、车内后视镜等。
	7.电气工程设计	电气工程负责全车的所有电器设计，包括雨刮系统、空调系统、各种仪表、整车开关、前后灯光，以及车内照明系统。

图 1-15 工程设计阶段流程

图 1-16　白车身

4. 样车试验阶段

工程设计阶段完成以后进入样车试制和试验阶段，样车的试制由试制部门负责，他们根据工程设计的数据和试验需要制作各种试验样车。样车的试验包括两个方面：性能试验和可靠性试验。性能试验，其目的是验证设计阶段各个总成，以及零部件经过装配后能否达到设计要求，及时发现问题，做出修改，完善设计方案。可靠性试验的目的是验证汽车的强度和耐久性。试验应根据国家制订的有关标准逐项进行，不同车型有不同的试验标准。根据试制、试验的结果进行分析总结，对出现的各种问题进行改进设计，再进行第二轮试制和试验，直至产品定型。

汽车的试验形式主要有试验场测试（图 1-17）、道路测试、风洞试验、碰撞试验（图 1-18）等。各个汽车企业都有自己的试验场，试验场的不同路段分别模拟不同路况，有沙石路、雨水路、搓板路、爬坡路等。

5. 投产启动阶段

投产启动阶段的主要任务是进行投产前的准备工作，包括制订生产流程链，各种生产设备到位、生产线铺设等。投产启动阶段大约需要半年的时间，要反复地完善冲压、

图 1-17　汽车试验场

图 1-18　样车碰撞试验

焊装、涂装以及总装生产线，在确保生产流程和样车性能的条件下，开始小批量生产进一步验证产品的可靠性，在小批量生产三个月，且产品无重大问题的情况下，才能正式启动量产。

1.3.2　手机行业

随着时代发展，手机已经渐渐摆脱通信设备的身份，转变成多媒体和信息的终端设备，成为人们日常沟通、娱乐、理财等活动的载体。手机的设计走在整个产品设计行业的前端，新材料、新工艺运用得最早也最丰富，行业的竞争日趋白热化，为提高产品竞争力，针对手机产品的设计程序管理也越来越被重视。手机的设计流程，每家手机厂商都有自己的特点，但一般程序还是按照从工业设计、结构设计、硬件设计、软件设计、项目管理到质量监督的过程，再推向市场。

1. 工业设计

手机的工业设计包括手机外观、手感、材质、颜色搭配，手机上看得见摸得着的地方都属于工业设计的范畴，如边框用金属还是塑料，背面是弧形的还是直面的，用哪几种颜色来搭配等，如图 1-19 和图 1-20 所示。

2. 结构设计

工业设计追求的是视觉感观的效果，而结构设计是力求将这种效果真实还原的方式。工业设计确定下手机的外形后，结构设计就来一步步去搭建这个手机内部的所有零配件。例如，做成一体还是可拆卸后盖、框架选用金属还是塑料、后壳如何固定在框架上、电池怎么放、主板做成长的还是方的、屏幕用全贴合还是框贴等，还有所有零件的尺寸把控。这就好比搭建一所房子，工业设计完成的就是房子的主体框架，结构设计则是给房子内部进行装修改造，然后置办家具和各种摆设，让它的内容丰富起来，如图 1-21 所示。

图 1-19　手机工业设计——颜色

图 1-20　手机工业设计图——外观

无孔式指纹识别　　无耳机孔设计

平整双摄像头　　防泼溅

图 1-21　整机结构图

3. 硬件设计

　　硬件设计主要设计的是电路和天线,以满足手机的配置需求。在电路部分,先根据配置参数制作一个放大版的 PCB 主板,进行各种调试,待方案可行后再浓缩做成手机主板,如图 1-22 所示。

　　主板的设计又分单面布局和双面布局,单面布局是指主板上的所有零件全部排布在其中一面,背面没有零件;双面布局则是两面都有零件,而

图 1-22　手机硬件设计

双面布局的主板相对单面会厚一点，但是单面主板的面积就会比双面的大，用单面还是双面的主板一般取决于结构如何设计，所以硬件设计的过程也是与结构设计相协调的过程。

4. 软件设计

软件在智能手机中的地位日益凸显，智能不仅要体现在硬件配置上，更多功能的实现还需要软件层面的创意。硬件可以通过一次开发定稿完成，但是软件开发必须不停地迭代更新，开发新功能、修复漏洞、完善稳定、开发新功能……是一个无限循环的过程。

5. 项目管理

项目管理一般分为技术型和非技术型，分工比较细致，制订项目规划和进度，同时也是对外部门的发言人。各部门的项目管理需要定时汇报成果和进度，以及开发过程中遇到的难题等。

6. 质量监督

每个创新设计方案都需要经过质量监督的测试审核，验证项目是否可行，质量可靠性如何，如图 1-23 和图 1-24 所示。如果发现生产难度太大、良品率低或者过不了测试环节，那么这个方案就会被否决。

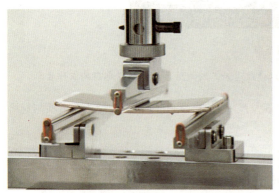

图 1-23 手机弯曲测试

图 1-24 手机跌落测试

1.3.3 家电行业

家电产品是与人们的生活密切相关的一类产品，家电行业的产品开发流程主要分为理论验证阶段、制作阶段、试产阶段等，根据产品不同的类别，实施具体的设计开发流程有所不同。

（1）提出项目建议阶段。

1）对市场和客户的需求可行性分析：

①设计的必要性，即市场的需求；

②相关产品在国内外的水平和发展趋势；

③预期达到的目标、设计水平、技术、经济、社会效益等；

④设计、工艺等方面需要解决的关键问题；

⑤现有条件下开发的可能性及要采取的措施；

⑥预算投资费用及项目的进度、期限。

2）提出开发计划书及拟定产品规格，准备设计资料：

①初期零件表；

②初期制造流程图；

③关键性零组件适用报告。

（2）平面效果图设计阶段。拟订产品外观设计，包括制订外观设计方针说明表，草绘或概念图，外观实际尺寸图，产品外观色彩计划，表面处理的方法及效果，必要时制作外观手板模型，如图1-25所示。

图1-25 手板模型

小提示 制作手板模型可以检测产品有无设计不足之处，以便改进产品的缺陷，提升研发部门的工作效率。

（3）软硬件设计阶段。绘制电子线路图，确定零件外观及尺寸规格，印制电路板设计注意事项与规格书，编制软件规划说明书、软件设计说明书、测试表。

（4）拟订结构设计阶段。

1）提出结构开发计划，确定产品材料，如软胶、硬胶或透明件；

2）设计三维结构图，检查三维模型的干涉；

3）进行机构模拟，绘制结构零件图、爆炸图、产品规格检验表、零件样品检查记录；

4）标明零件本质，细化技术要求。

（5）手板制作评审阶段。对照手板和图纸，要求如下：

1）配合尺寸准确，注意出模角度对产品功能及外观的影响；

2）功能可靠、全面，并注意安全因素（利边、尖点、跌落）；

3）留意喷油、电镀位置的配合问题；

4）尽可能做到生产装配方便。

（6）模具制作阶段。

（7）进行样品验证，提交测试报告。

（8）制作产品包装设计及包装图面资料。

（9）量试通知，召开量试正式会议，进行量试产品测试及验证。

（10）待案件完成后，分析并总结经验。

1. 企业的一般设计程序包括什么?

2. 请结合上述产品开发流程,自选一款产品,绘制设计程序的具体实施步骤路线图。

知识目标 《

1. 了解工业产品设计调查的概念;
2. 掌握产品设计调查的程序和内容,以及产品设计调查的方法;
3. 掌握产品设计调查方法和调查后数据的分析方法。

技能目标 《

1. 能够采用正确的调查程序、调查方法对相关产品进行调研;
2. 在获得众多调查数据后,能够采用多种数据分析方法对已知数据进行多维度分析;
3. 能够根据数据分析的结果,找出产品设计的方向。

素养目标 《

1. 通过产品设计调研概念、程序、内容、方法的学习,培养设计逻辑思维、自主创新意识、良好的团队协作精神及良好的沟通表达能力;
2. 通过对已知数据进行多维度分析,最终使用多种的表现方法来解读数据,提升综合素质,树立文化自信,培养积极进取、敢于创新的精神;
3. 通过任务练习,培养同类问题的调查分析能力、使用各种调查方法解决生活中存在的实际问题的能力。

2.1 产品设计调查的概念

设计是一项有计划、有目的的活动，企业生产的产品不是毫无根据地凭着设计师的想象设计出来。设计产品的出发点和思维重点都是由调查分析的结果所决定的，设计师必须通过对市场多方位、多角度的调研和分析才能准确把握消费者的需求。

充电宝也称"移动电源"，它的作用就是随时随地给手机或数码产品提供充电功能。近年来，随着短视频、直播、手机游戏的不断发展，电池的耗电时间更快，人们对手机性能和持续续航能力也提出了更高的要求，于是对于手机临时充电需要的充电宝的电量需求也随着提高，此时，无线双向快速充电宝快速普及（图2-1）。

无人驾驶汽车是智能汽车的一种，也称为轮式移动机器人，主要依靠车内的以计算机系统为主的智能驾驶仪来实现无人驾驶的目的。它是利用车载传感器来感知车辆周围环境，并根据感知所获得的道路、车辆位置和障碍物信息，控制车辆的转向和速度，从而使车辆能够安全、可靠地在道路上行驶。无人驾驶汽车集自动控制、体系结构、人工智能、视觉计算等众多技术于一体，是计算机科学、模式识别和智能控制技术高度发展的产物（图2-2）。

市场调研的基本目的是为制订营销策略（产品策略、价格策略、广告策略等）提供参考，因此是对已有的产品进行的调研，主要解决企业在产品推广、客户服务、市场开发过程中遇到的问题，它的解决方案包括产品改良设计、产品定位策划、市场盈利模式策划等。然而，面对不断开放的全球经济

课件：工业产品设计调查

图2-1　无线双向快充充电宝

图2-2　无人驾驶汽车

一体化的国际经济形势，一些没有自主知识产权的、规模巨大的企业在全球化的浪潮下也无力地倒下了。设计研发自主知识产权的产品变得越来越具有竞争力，调研也从传统的以设计改良为主的市场调研转向了以产品开发为主的设计调研。

设计调研是为了设计和开发新产品，与市场调研相比较而言，设计调研具有自己的调研目的、调研对象、调查内容、调查方法、调查分析。设计调查的主要目的是调查用户需求并明确产品设计定位；同时，也要搞清楚同类产品的市场销售情况、流行情况，以及市场对新产品的要求；调查现有产品的内在质量、外观形态所存在的问题，不同消费者的购买力、喜好等。另外，还要对竞争对手进行分析，找出自身的竞争优势和目标用户群体。通过设计调研提取设计概念，挖掘潜在用户需求，完成良好的用户体验，成为我们在这个大时代背景中对设计调研的要求。

可拆分的笔记本电脑，其显示屏、键盘、鼠标、电子笔等部件都可以单独使用。通过巧妙拆分和组装，很适合用户在不同场合使用笔记本电脑（图 2-3）。

AR 智能眼镜不仅是一款带有科幻色彩的产品（图 2-4），也是一项拥有前卫技术的产品，目前这些眼镜的功能十分强大，它可以利用虚拟图像技术，把虚拟信息直接投射到真实的环境中，让虚拟与现实完美交融，仅仅用眼球、手势等自然的交互方式就能打开、调用服务，还能很轻易地与各行各业融为一体，形成一种更高效的实用形态。

图 2-3　可拆分笔记本电脑

图 2-4　AR 智能眼镜

实 战 训 练

任务题目：

假如你在一家市场调研公司就职，现有一位制造商想要生产拆分式笔记本电脑，你如何给其建议？

任务要求：

1. 对目前现有的拆分式笔记本电脑进行调研分析；

2. 对拆分式笔记本电脑的使用场景进行调研分析；

3. 对目前使用拆分式笔记本电脑的人员进行调研分析；

4. 对自身的实际情况进行分析；

5. 得出结论和解决方案。

2.2 产品设计调查的流程

设计调查需要按照一定的流程进行，一般可分为 5 个阶段，如图 2-5 所示。

（1）确定需要调查的问题，明确调查目的。在该阶段可能就需要用到文献调研方法，对相关的二手资料进行分析，并对行业专家进行访谈，使调查人员了解所面临的设计问题，明确本次调查的目的。

（2）在明确调查目的的前提下设计并制订调查方案。确定调查的对象，选择调查的方法，并安排调查进度表，制订调查的组织计划。

（3）按照调查计划，进行调查实施与数据采集。按照第二阶段制订的调查方案进行，可以是问卷调查的实施，也可以是试验与记录等。

（4）调查数据的处理与调查报告的撰写。将通过调查所获得的数据转换为适合汇总制表和数据分析的形式，并将数据录入计算机系统进行处理，分析数据之间所隐藏的规律，最终依据数据处理的结果撰写调查报告。

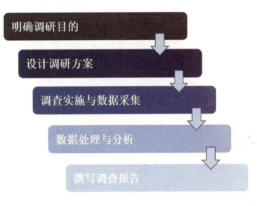

图 2-5　设计调研的基本流程

2.3 产品设计调查的内容

设计调查是为了规划新产品的设计和制造而进行的活动，一般情况下，设计调查的范围和内容越广泛越好，但是由于这样会给后期的分析处理带来很大的工作量，设计调查通常根据设计对象进行有针对性的适量性调查。设计调查的主要内容包括用户调查、市场因素调查、社会文化因素调查、生产企业调查和生产技术调查。

2.3.1　用户调查

用户调查是设计调查的一个重要环节，其目的是发现产品用户人群的各种需求，建立用户模型，为产品设计定位提供参考依据。人具有自然性和社会性双重属性，自然性的人要求物质需求，而社会性的人要求社会的认可和自我价值的实现，所以对于人的需求的满足是有层次性的。我国古代著名思想家墨子对此也曾谈到："衣必常暖，而后求丽；居必常安，而后求乐。"而马斯洛比较系统地将人的需求从低到高分为五个层次：生理需求、安全需求、社会需求、尊重需求和自我实现需求（图2-6）。人们对产品的要求总是从"量"到"质"，再到"情"的逐步发展过程，特别是在经济迅速发展的今天，人们越来越注重产品实用功能后面所蕴含的各种精神文化因素。因此，在进行产品设计时，以人为中心，满足人的物质和精神的需求就显得尤为重要，这同时也促使我们必须采用不同的设计策略来满足不同的需求。

小提示　对于产品用户的分析，可以明确用户对于产品的诉求，就比较容易地把握住产品质量在造型上的侧重。

2.3.2　市场因素调查

市场调查的目的是调查所设计产品领域的现状和发展趋势，便于确定合适的产品设计策略和经营策略。市场因素调查主要包括以下几个方面（图2-7）。

1. 市场环境调查

市场环境调查包括经济环境、社会环境、文化环境、技术环境、自然环境及生活环境等，通过对市场环境的调研，了解国内外各地区市场的行情，分析市场现状，预测市场走势，进而研究这些变化对设计的影响。

2. 同类产品和相关产品调查

同类产品和相关产品调查包括现有同类产品以及相关产品的规格特点、使用方式、人机关系、品牌定位、产品质量、生命周期和发展趋势等。

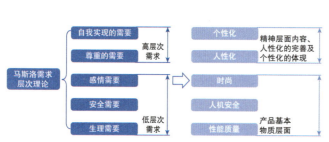

图 2-6　关于马斯洛需求层次理论的图解

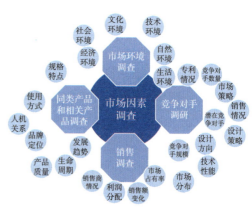

图 2-7　市场因素调查图

3. 销售调查

销售调查包括同类产品不同时期销售额变化趋势和原因、现有市场占有率、利润分配和销售商的情况等。

4. 竞争对手调查

竞争对手调查包括主要竞争对手的数量、规模，竞争对手的设计策略、市场策略和设计方向，同类产品的技术性能、销售情况、价格、市场分布，潜在竞争对手情况等。

2.3.3　社会文化因素调查

工业产品如同人类社会上出现的其他器物一样，都是物化的、凝固的文化。自古以来，人们创造出的各种劳动产品无不打上文化的印迹。如我国的陶瓷，从魏晋南北朝时期的"青瓷"到隋朝时期的"白瓷"，从唐宋时期精心设计的"三彩"到明清时期的彩绘陶瓷，都体现了中国古代不同时期的文化特征和文化潮流。作为具有文化特征的审美设计活动是人类从精神上把握现实的一种特殊方式。从这个意义上说，设计产品首先是设计一种文化，将整个社会的行为方式和意识形态凝固到产品之中（图2-8~图2-16）。

图2-8　北朝青釉　　　图2-9　隋代巩县窑白瓷　　　图2-10　唐三彩罐　　　图2-11　明清官窑瓷器
　　仰覆莲花尊

图2-12　云冈石窟旅行纪念品　　　　　图2-13　上海大剧院"浮生六记"系列茶具

图 2-14　星巴克猫爪造型玻璃杯

图 2-15　上海博物馆与迪士尼（中国）
联合推出的文创产品

图 2-16　具有"中国风"的产品包装

工业设计作为一种文化显示，使各国的设计都凝聚着属于自身民族的文化传统，也贯穿着属于不同时代的流行风貌，最终形成一种融合性的文化潮流。

2.3.4　生产企业调查

生产企业调查的目的是使产品设计建立在企业的文化、实力和发展战略的基础上，使设计与企业的整体规划一致。生产企业调查的内容有企业文化、企业形象、企业战略、企业销售与市场状况、企业的技术能力、生产制造水平、包装运输水平、生产成本等情报调查。

2.3.5　生产技术调查

生产技术调查是针对产品设计过程中涉及的技术、结构、材料、工艺和法律法规所进行的调查，主要内容有产品技术和工艺发展趋势及应用情况、产品设计执行标准、试验手段、产品设计周期、相关法律法规、涉及专利与废弃物处理方式等。

学习笔记

38

2.4 产品设计调查的方法

任何调查方法都只适用于某些具体情况，存在局限性，因此，在实际应用时要综合使用各种方法，才能使调查结果全面、真实。从工业设计角度来说，产品设计调查的方法主要可以分为观察法、询问法、试验法、查阅法和购买法。

2.4.1 观察法

观察法是较为原始的一种设计调查方法。顾名思义，观察法就是在真实情景中，用录音、录像或拍照等方法把用户操作使用的过程记录下来，以获得描述性的数据来简化复杂现象，以便设计概念的得出。深入细致的观察往往能收集到系统而重要的信息。一般来说，观察法最为简单、直接，通常情况下也颇为有效，但其缺点也恰恰在于过于直接和简单，不适宜对内部核心问题、事物内部联系及较为隐蔽的事物进行研究，而且自然状态下的观察缺乏控制，无关变量混杂其中，可能会使观察结果缺乏科学性。故使用观察法时，应该注意：调查者要明确观察的目标，即"观察什么"的问题；如何保证观察本身不会对观察结果产生影响。

在通常情况下，人们不会以观察法为主要研究方法，而是将其作为更高级方法的资料准备阶段。观察法在实际调查的早期阶段非常实用，可以帮助调查者选择和限定调查的范围做一些前期探索，为进一步的调查提供资料和概念课题。

2.4.2 询问法

所谓询问法，就是将要调查的内容告诉被调查者，从而获得自己所需要的情报资料的方法，一般有访谈询问、问卷询问等方式。

其中，访谈询问包括专家用户访谈、新手用户访谈、电话访谈、多人参加的专题访谈等。其突出的优点能使调查更加深入具体，从而有助于调查的深入进行，但这种方法工作量大，耗时费人，故不适于进行大量调查，适合抽样和个案研究。

问卷询问是通过对用户人群的抽样调查来获得设计数据（图2-17~图2-19）的过程。在发问卷时，要考虑抽样应具有代表性，使数量有限的问卷抽样尽量符合目标人群的分布情况。由于现阶段信息传递方式比较发达，问卷询问又可以分为电话问卷、网络问卷、邮寄问卷等形式。问卷法的优点是能够搜集到大量用户的评价信息，故而代表性较强，能够有效反映出用户的倾向性意见，且所需工作量也不大。不足之处是由于受文字表述及问卷格式的限制，很难使意见得到充分发挥，故难以实现较深层次的分析评价。

李克特量表调查法是问卷调查法的一种形式，运用其了解产品，进行产品因素

1. 你的性别是（　　）。
   A. 男　　　　B. 女
2. 你的消费状况属于在家庭经济条件负担不起情况下的"超前消费"吗？（　　）
   A. 全不属于　　B. 不太属于　　　C. 基本属于　　D. 完全属于
3. 你的生活主要来源是（　　）。
   A. 父母　　　　B. 勤工助学　　　C. 其他
4. 你的生活费主要用于哪个方面？（　　）
   A. 饮食　　　　B. 日用品　　　　C. 娱乐　　　　D. 其他
5. 每月生活费是多少？（　　）
   A. 400 元以下　B. 400~600 元　　C. 600~800 元　D. 800 元以上
6. 每月伙食费是（　　）。
   A. 300 元以下　B. 300~500 元　　C. 500~700 元　D. 700 元以上
7. 每月通信费是（　　）。
   A. 50 元以下　　B. 50~80 元　　　C. 80~100 元　D. 100 元以上
8. 用于学习上的花费是（　　）。
   A. 30 元以下　　B. 30~50 元　　　C. 50~80 元　D. 80 元以上
9. 每月花费在日用品的费用是（　　）。
   A. 50 元以下　　B. 50~100 元　　C. 100~200 元　D. 200 元以上
10. 每月用于恋爱交往费用是（　　）。
   A. 单身　　　　B. 200 元以下　　C. 200~400 元　D. 400 元以上
11. 月平均用于购买衣物花费是（　　）。
   A. 100 元以下　B. 100~200 元　　C. 200~300 元　D. 300 元以上
12. 常去什么地方买衣服？（　　）
   A. 地摊　　　　B. 专卖店　　　　C. 购物中心　　D. 其他
13. 是否在网上购物？（　　）
   A. 经常　　　　B. 偶尔　　　　　C. 很少　　　　D. 从不
14. 每月生活费是否会透支？（　　）
   A. 一定会　　　B. 偶尔会　　　　C. 很少会　　　D. 从不
15. 月底有结余，你会（　　）。
   A. 转入下月生活费　B. 存入银行　　C. 随便花掉　　D. 合理安排
16. 我的消费主要侧重于（　　）
   A. 注重自己形象　B. 追求物质生活需要 C. 追求情感需求 D. 学习方面 E. 其他
17. 你有储蓄习惯吗？（　　）
   A. 有　　　　　B. 没有
18. 你对你现在拥有的生活费满意吗？（　　）
   A. 满意　　　　B. 无所谓　　　　C. 不满意

图 2-17　大学生生活费情况问卷调查样表

---

1. 你是否购买过华为的产品？（　　）
   A. 是　　　　　B. 否
2. 你购买过华为哪些产品？（　　）
   A. 手机　　　　B. 交换机路由器　　C. 服务　　D. 其他终端产品
3. 你是通过什么途径了解到华为网络产品的？（　　）
   A. 朋友介绍　B. 广告　　C. 网络　　D. 店员推销 E. 其他
4. 在购买之前，你对华为产品的质量（或服务）的预期满意度是（　　）。
   A. 非常满意　B. 基本满意　C. 满意　　D. 不满意　E. 非常不满意
5. 华为产品在质量方面能否让你满意？（　　）
   A. 非常满意　B. 基本满意　C. 满意　　D. 不满意　E. 非常不满意
6. 总体来说，华为产品的服务质量能否让你满意？（　　）
   A. 非常满意　B. 基本满意　C. 满意　　D. 不满意　E. 非常不满意
7. 基于你支付的价格，你对中国华为产品所包含的服务的满意度是（　　）。
   A. 非常满意　B. 基本满意　C. 满意　　D. 不满意　E. 非常不满意
8. 如果有需要，你愿意再次购买华为的产品吗？（　　）
   A. 会　　　　B. 不会
9. 你消费过以下哪些厂家的产品？（多选项）（　　）
   A. 小米　　　B. 苹果　　　C. 中兴　　D. TP-LINK　E. 都没买过
10. 和华为产品相比，你觉得这些厂家在下面哪些方面做得更好？（多选项）

厂家	价格	质量	外观	功能	服务
小米					
苹果					
中兴					
TP-LINK					

图 2-18　华为产品满意度问卷调查样表

---

1. 请问你喜欢什么类型的音乐？（　　）
   □轻音乐　□爵士乐　□摇滚　□流行音乐　□古典音乐　□舞曲
   □其他
2. 请问你最欣赏的音响品牌是什么？（　　）
   □漫步者　□联想　□索尼　□松下　□三星　□LG
   □山水　□海尔　□康佳　□TCL　□创维　□东芝
   □其他
3. 请问你喜欢或购买某品牌音响的动机是什么？（　　）
   □设计独特　□功能强大　□简单实用　□经济实惠　□品牌原因　□装饰性强
   □体现品位　□其他
4. 请问你选择音响的档次是哪个？（　　）
   □高档　□中档　□低档
5. 请问你喜欢的音响按键形式是哪个？（　　）
   □旋扭　□硬按键　□软按键　□接触按键　□感应按键　□其他
6. 请问你购买什么价位的音响？（　　）
   □200 元以下　□200~400 元　□400~600 元　□600~1 000 元　□1 000 元以上
7. 你会从哪里购买音响产品？（　　）
   □专卖店　□连锁店　□中小规模家电商店　□电脑专卖店　□大型超市
   □网上　□其他
8. 假如你是一位设计师，你会把音响设计成什么颜色？（　　）
   □红色　□橙色　□黄色　□蓝色　□紫色　□其他
9. 下面品牌的产品，你要购买首先会选哪个品牌？（　　）
   □海尔　□SONY　□松下　□东芝　□日立　□三星
   □长虹　□飞利浦　□LG　□TCL　□康佳　□其他
10. 以下几种广告的方式，哪种能够吸引你的注意从而勾起你的购买欲望？（　　）
   □功能　□趣味　□廉价　□创新　□美观　□其他

图 2-19　音响产品问卷调查样表

的调查具有一定的优势，本次任务是运用李克特量表调查法进行洗衣机产品因素设计调查，从而了解产品工作原理、部件组成、材料工艺，通过问卷设计进一步发现产品的潜在需求。

李克特量表由一组陈述组成，每一陈述有"非常同意""同意""不一定""不同意""非常不同意"五种回答，分别记为5、4、3、2、1，每个被调查者的态度总分就是他对各道题的回答所得分数的加总，这个总分可表明他同意或不同意的程度。

李克特量表大致可以分成三个阶段，包括资料收集、制作框架阶段，设计题目形成问卷阶段，实施调查和统计问卷阶段。

实 战 训 练

任务题目：

运用李克特量表调查法进行洗衣机产品设计调查。

任务要求：

从洗衣机的多个维度入手，对洗衣机的种类、洗护能力、洗涤重量、洗地模式、外观维护、售后等方面进行调查。任务作业见表2-1。

表2-1　任务作业

因素	内容	题目（陈述语式）
洗衣机种类（网上查找）		
洗护能力（从污渍等级来划分）		
洗涤千克数（市面上常见的千克数）		
洗涤模式（网上查找）		
除菌能力		
取放衣物（滚筒、波轮）		
外观		
维护		
售后服务		

2.4.3　试验法

所谓试验法，就是把即将生产出的样品采取使用、试销的方式来获取有关信息资料的方法，这是与自然科学研究方法较为接近的调查方法（图2-20和图2-21）。它通过试验的方式与正常的市场活动发生联系，使其产品与市场、消费者发生非正式的直接接触，并通过控制产品质量、品种、造型、产品包装、价格等因素的变化来研究各种因素对市场的影响，因此，调查者通过对调研对象进行反复研究调查得出较为准确的结论，从而有效地减少产品的市场风险。

小提示　用户只需要通过微信扫码填写相关信息就可以免费领取大牌化妆品的体验装。

2.4.4　查阅法

所谓查阅法，就是指通过书籍、刊物、专利、样本、目录、广告、报纸、论文、影像资料、网络等来收集与调查内容相关的资料信息的方法。

图 2-20　2020 年茅台悠蜜新品品鉴会

图 2-21　商场中的化妆品派样机

2.4.5　购买法

所谓购买法，就是购买与实际有关的样机、模型、科研资料、设计图纸、专利等来获得情报资料的方法。这也是国内部分企业新产品设计初期常常采用的一种方法。

目前，国内常见的 10 种设计调查方法和各自的优缺点汇总见表 2-2。

表 2-2　国内常见的 10 种设计调查方法和各自的优缺点汇总

调查方法	优点	缺点
观察法	最简单、直接、生动的感性认识和真实、可靠的第一手资料	受调查者主观因素影响较大，难以深度地对内部核心问题、事物内部联系及较为隐蔽的事物进行研究
问卷调查法	能够突破时空的限制，在广阔的范围内，对众多的调查对象同时进行调查，适用于对现实问题、较大样本、较短时期、相对简单的调查	只能获得书面的社会信息，而不能了解到生动、具体的社会情况，且成本高，消耗时间长，难度较大
访谈调查法	适用于调查的问题比较深入，能够获得更多、更有价值的信息	访谈过程耗时长、成本较高、隐秘性差、受周围环境影响大
会议调查法	工作效率较高，可以较快地了解到比较详细、可靠的社会信息，节省人力和时间	选择具有较高水平的被调查者难度大，且受时间条件限制，很难做深入、细致的交谈
专家调查法	依靠其知识和经验，对问题做出判断和评估。适用于缺少信息资料和历史数据，而又较多地受到社会的、政治的、人为的因素影响的信息分析与预测课题	调查难度大，费用高，受时间条件限制，很难做深入细致地交谈，且学术性较强，样本量较少
统计调查法	适用于分析某项事物的发展轨迹和未来走势，便于直观分析，比较谨慎	统计口径要统一，且内在变化需要实际调查才能形成完整认知
抽样调查法	节省人力、物力和财力，能在较短的时间内取得相对准确的调查结果，具有较强的时效性	抽样数量不足时会影响调查结果的准确性且要求调查样本的选择性非常高且有效
典型调查法	适用于调查样本太大时，既便于节省成本和时间，又可以获得调查目标	要准确地选择对总体情况比较了解、有代表性的对象，具有一定的难度
试验调查法	可以通过控制不同因素的变化来研究各种因素对调研结果的影响，更加直接地获取调研效果。适用于对调查对象进行反复研究调查	实施难度较大，效果低，获取的成本较高，难以大规模开展
文献调查法	能突破时空的限制，进行大范围的调查，便于汇总、整理和分析，同时具有资料可靠、用较少的人力、物力收到较大效果的特点	一般只能作为调查的先导，而不能作为调查结论的现实依据，资料时效性不足

2.5　产品设计调查的分析

设计调查的目的是了解用户需求、市场环境、产品的生产和加工技术等，从中寻找产品设计的概念，进行准确、合理的设计定位。这就需要设计团队不仅要占有与掌握信息资料，还需要通过分类、归纳、演绎、统计、比较等各种质化或量化手段，对这些资料进行深入的、理性的研究分析，为设计方向提供建议与决策的依据。

典型的数据分析可能包含以下三个步骤：

（1）探索性数据分析：刚取得数据时，数据可能杂乱无章，看不出规律，通过作图、造表、用各种形式的方程拟合、计算某些特征量等手段探索规律性的可能形式，即往什么方向和用何种方式去寻找和揭示隐含在数据中的规律性。

（2）模型选定分析：在探索性分析的基础上提出一类或几类可能的模型，然后通过进一步的分析从中挑选一定的模型。

（3）推断分析：通常使用数理统计方法对所定模型或估计的可靠程度和精确程度做出推断。

这个阶段的工作应尽量运用各种定性和定量的分析手段对收集信息进行分析。

常见的信息资料的分析方法有如下几种。

2.5.1　坐标分析法

采用平面坐标系的形式对调查资料进行分析的方法。每条坐标轴分别定义一组相对的概念，如传统与现代、过去与未来、昂贵与便宜、个性化与大众化、复杂与简单等，然后将收集的资料（一般为产品外形图），按其特征放在相应位置，对象较多时也可用符号代替。通过观察和分析该图标，可以发现市场竞争者的定位，也可以找到市场的间隙和发展方向，为设计定位服务。

图2-22所示为某品牌专业羽毛球拍中的BG65、BG65Ti和NBG95系列，而消费者普遍认为这几个系列的产品手感扎实但反弹性差；而SKYARC系列球拍则手感柔和，BGABB系列球拍手感轻盈。

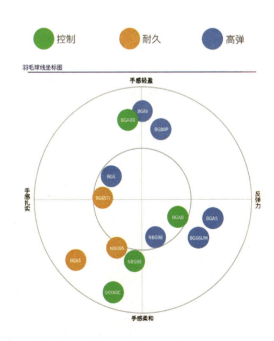

图2-22　某品牌专业羽毛球拍性能坐标

43

实 战 训 练

任务题目：

假设你是某品牌洗衣机的市场专员，请写出一份详细的洗衣机市场分析报告。

任务要求：

1. 准确地描述自我品牌；

2. 进行竞品分析；

3. 品牌行业位置分析；

4. 进行任务总结。

2.5.2　表格统计法

表格统计法是采用常规的表格来统计信息资料的一种方法。一般横向规定调查项目，纵向为调查的相关问题，见表2-3。

表2-3　车载吸尘器问卷统计

内容		总数			内容		总数		
		男（66）	女（66）	总计（132）			男（66）	女（66）	总计（132）
清洁车内环境方式	静电集尘刷去尘	16	9	25	清洁车内环境方式	座位/座位缝隙	36	35	71
	汽车场清洗	35	26	61		操作台/仪表盘四周	23	5	28
	抹布去尘	19	13	32		后备厢	27	8	35
	车载吸尘器吸灰	12	17	29		车内地面	18	15	33
	扫帚除尘	4	3	7		车后座空隙	22	8	30
清洁车内环境频率	每天1次	4	1	5	车内最难清洁的部位	座位	38	12	50
	2~3天1次	16	17	33		操作台	23	25	48
	一周1次	24	25	49		车窗	21	4	25
	二周1次	13	4	17		车内地面	30	24	54
	三周以上1次	10	7	17		车后座空间	23	20	43
能接受的价位	100元以下	4	3	7	清理尘袋	方便	32	29	61
	100~200元	17	23	40		不方便	29	21	50
	200~300元	21	30	51	外观的颜色	与车内饰颜色相近	40	31	71
	300元以上	14	7	21		与车内饰颜色形成鲜明对比	26	24	50
外观	精美小巧	4	23	27	车载吸尘器安置位置	后备厢	48	46	94
	尊贵大气	23	9	32		操作台储物柜	5	2	7
	圆润可爱	2	19	21		中央储物箱	8	2	10
	有科技感	27	6	33		车后空间	6	4	10

随着近年来汽车保有量的逐年增加，汽车使用者对于车内环境清洁的频率和清洁范围要求也较高，但是与之相对应的车载吸尘器的使用率并不高。近八成消费者可以接受300元以下的价位，男士更倾向于大气、具有科技感的外形；而女士更喜欢小巧可爱的外形。另外，近五成消费者反馈尘袋不方便清理。

2010年多数城市居民还仅仅满足于衣、食、住、行等基本需求，当时92%的城市居民家庭可支配年收入为14万元或更少；2018年已有一半的中国家庭跻身较富裕家庭行列，可支配年收入达到14万~30万元（图2-23）。

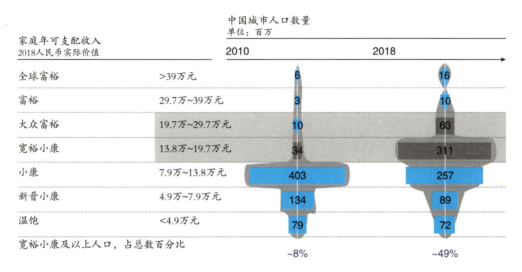

图2-23　2018年中国中产阶级占比统计表

2.5.3　图表表示法

图表表示法是指采用各种直观化的图表（柱状图、折线图、饼状图等）来显示相关数据的变化趋势或过程，以有助于分析相关的发展趋势的方法。

随着经济的不断发展，艺术品投资正由主体单一化走向艺术金融产品多样化，从而大大降低艺术品投资资金门槛，吸引更多平民百姓关注并参与投资艺术品。从艺术消费产品单价来看，5 000元是中端、高端市场的重要分界线，将近五成的消费者可以接受5 000元以下的艺术消费品；同时，近四成消费者表示只要价格在能力接受范围内都会选择购买（图2-24）。可见，艺术消费品的市场潜力巨大。

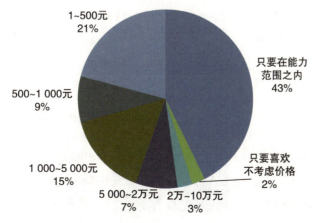

图2-24　2015年中国消费者对艺术消费品可接受价格的调查

尽管人们普遍更关注北京和上海等大城市的新一代富裕消费者，但中小城市"年轻购物达人"的出现，凸显出中小城市消费者的重要性。近年来，在一些知名度不高的三四线城市（如绵阳、盐城和自贡等），中产阶级消费者数量快速增长，2010—2018年，三四线城市中，年可支配收入达到14万~30万元的家庭年复合增长率达到38%，高于一、二线城市的23%。这些较富裕家庭占到三、四线城市人口的34%以上，接近一、二线城市5年前的水平（图2-25）。

为了开阔视野、增加生活乐趣，中国消费者旅游热情非常高，2014—2018年，中国城市消费者旅游支出的年复合增长率为14%（图2-26）。

随着中国消费者旅游次数增加、旅游经验丰富，他们在行程规划时也更加成熟和有辨识度。在国内游方面，超过60%的受访者表示，他们现在更偏爱自助游，而非2010年前流行的大型团队游。如果选择团队游，越来越多的中国旅行者会选择小型的高端旅行团（图2-27）。

西方品牌曾经是舒适、现代化、中产阶级生活方式的标志，相比之下，过去消费者往往认为中国本土品牌品质低劣、没有名气。但近几年来，很多中国企业不再着眼于生产低价产品，而是努力升级产品的品质、性能和价值。在涉及的六个大类中，包括面巾纸、家庭清洁用品、乳制品和生鲜食物等生活必需品，以及包括手机、平板电脑等个人数码设备中国消费者在这些品类中更偏爱本土品牌（图2-28）。

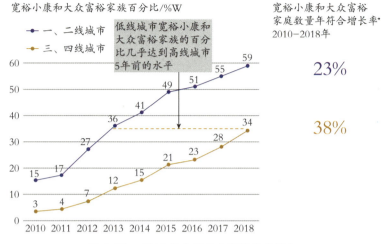

图 2-25　2018年中国家庭富裕程度调查

图 2-26　中国城市消费者旅游支出

图 2-27　中国城市消费者境内游类型和平均支出

46

消费者在购买各品类高端产品时偏爱的三大原产地
占一、二线和三、四线城市受访者百分比，数量分别为745人、580人

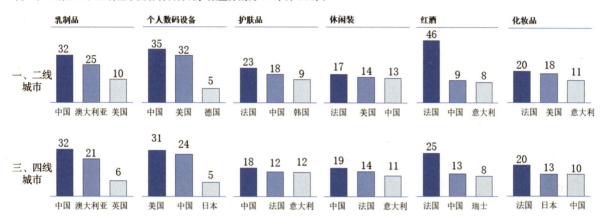

不同品类高端产品对应的价位不同：1升乳制品60~100元；个人数码设备，如智能手机5 000~1.2万元；50毫升护肤品1 500~5 000元；休闲装，如一件夹克8 000~2万元；一瓶红酒2 000~5 000元；化妆品，如一支口红300~500元。

图2-28 中国城市消费者各类产品原产地的偏好

2.5.4 散点分布图

散点分布图的分析归纳可以直观清晰地找到未来设计的使用者需求取向。

月子中心作为一个发展还不到10年的新兴行业，在庞大的市场需求驱动下，其发展速度极为迅速，2019年行业市场规模突破160亿元，行业增长前景看好。但是目前月子中心行业仍处于发展的初级阶段，行业缺乏政策的有效规范，创建门槛低，服务质量良莠不齐，人均价格差距较大，服务质量和人均价格不成比例等（图2-29）。

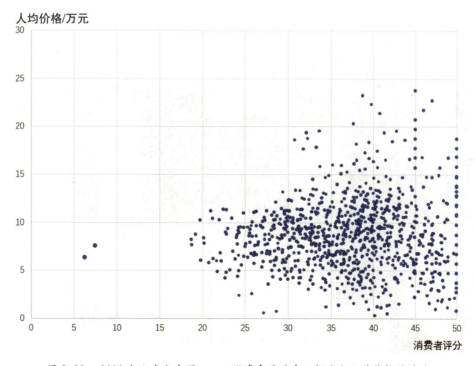

图2-29 2020年上半年中国一、二线城市月子中心评分与人均价格的关系

2.6   产品设计调查案例

2.6.1   自我品牌特征分析

自我品牌特征分析如图 2-30 所示。

图 2-30   自我品牌特征分析

2.6.2   竞争品牌产品分析

（1）收集国外竞争品牌旗舰产品分析竞品特征如图 2-31 所示。

图 2-31   国外各品牌冰箱旗舰产品

（2）收集国内竞争品牌旗舰产品分析竞品特征，如图 2-32 所示。

2.6.3　品牌行业位置分析

（1）调查双开门冰箱的市场品牌情况，如图 2-33 所示。

（2）制作双开门冰箱的产品矩阵图并分析热销产品，如图 2-34 所示。

图 2-32　国内各品牌冰箱产品特征

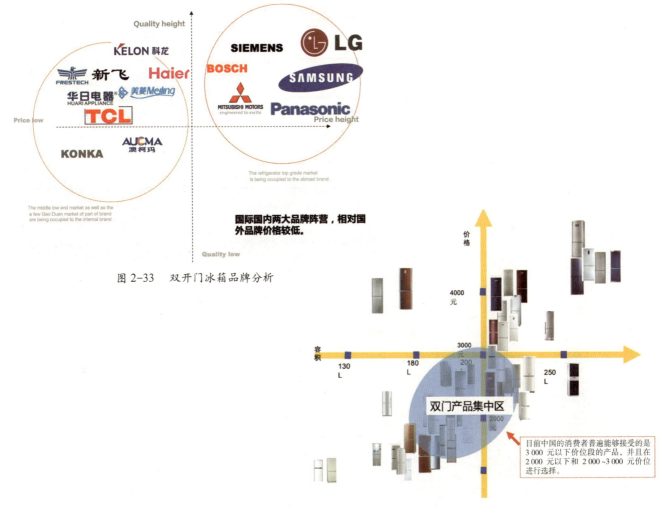

图 2-33　双开门冰箱品牌分析

图 2-34　双开门冰箱的产品矩阵图

任务练习

任选一种你喜欢的品牌，针对这个品牌所有的产品线进行调查，扫描右侧二维码，其中有类似产品调研报告的电子文档，完成品牌调查报告，上传学习平台，见表2-4。

产品调研报告

表2-4　调查表格

调查对象				
该产品国内外行业发展现状分析				
产品种类（选取该类型的四款主流产品进行分析，包括产品外观＋产品综述＋产品价格＋产品参数＋优势特色＋特色技术＋适用人群）	产品一（配图）	产品二（配图）	产品三（配图）	产品四（配图）

知识目标 《

1. 了解思维的概念、特点和基本类型；
2. 掌握创造性思维的概念、特点；
3. 掌握创造性思维的基本规律和方法，并能够在设计创新的过程中灵活运用创造性思维。

技能目标 《

1. 能够在设计的不同阶段，根据设计的内容及目标，准确选取创造性思维的方法；
2. 能够在原有设计的基础上积极发挥创造性思维对原有设计方案进行创造性优化。

素养目标 《

1. 通过学习创造性思维的概念和特点，培养创造性思维及自主创新意识；
2. 通过学习创造性思维基本规律和方法，激发创新设计热情，提高创造性设计的能力；
3. 通过学习本项目中国本土创造性的设计案例，增强民族自信心和自豪感。

3.1 思维的形成

设计思维是解决设计问题过程中人类智慧的集中体现，也是人们观察和改造客观世界的一种思维方式。随着设计理论的不断完善，设计思维能在特定的条件下对设计起到重要的指导作用。本项目主要对思维的基础知识和设计思维的基本方法进行讲解与分析。

3.1.1 思维概述

思维是一种精神活动，社会实践程度与以往经验会影响其对具体问题的认识和看法，语言和符号是思维向外传递信息的载体，因此实践是思维产生的前提，语言和符号是思维的媒介。思维是思考的过程，是把看到的内容结合以往经验总结出新见解的过程，所以就产品设计师而言，创意性思维的优劣，受到思维三个方面的影响：思维的内容、思维的加工方法和思维的产物，如图 3-1 所示。思维的内容是思考的对象，由动作、形象、逻辑、辩证四部分组成，可以是表面的事物、生活的感知和基本的概念。思考内容的丰富是人类视野开阔的表现。思维的加工方法包括想象、分析、判断、推理、比较、评价、选择等行为，是个人主观思索的行动，也是可训练的部分，思维加工方法的正误决定了思维产物的结果。思维产物是人的决定，是具体的想法、观念、构思、创意等，古人所言"行万里路，破万卷书"就是对优良思维产生过程的最好总结。

课件：设计思维与设计方法

3.1.2 思维特点

从思维内容到思维结果的过程向我们揭示了思维的主要特点，即问题性、概括性、生产性、间接性、个体性和问题性，如图 3-2 所示。

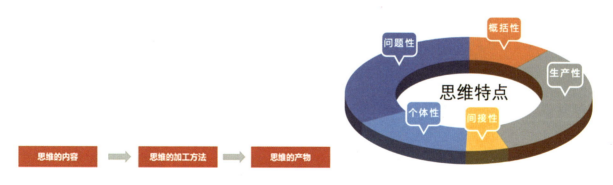

图 3-1　思维三个方面的影响　　　　　　　　图 3-2　思维特点

52

1. 概括性

概括性是思维的显著特征。透过现象看本质就是思维的概括能力，是指对同类事物内在本质和一般规律的认识，一般包含三个认识层次，即对一个事物的认识、对一类事物的认识和对整体事物的认识。概括能力是思维深度的表现，是对思维内容的整体控制能力。例如，产品资料的整理和归纳既是创意性思维的综合展现，也是思维概括性的具体应用。

2. 间接性

思维的间接性是指思维能对感官不能直接把握的事物借助已有的知识完成对这类事物的认识。具体表现在以下三个方面：

（1）从现象结合经验直接得出结论。例如，我们从明代家具挺拔的设计线条中所感受到的文人气质能容易理解明代社会的整体价值观念，对"气节"的认知在形态和经验的基础上达到了共鸣。

（2）对感官未能感知的事物，通过经验得出结论。

人们对"龙"的了解，就是生活经验得出的结论认知。我们对龙的想象，在未见其真容的基础上依照的完全是从小到大读过的神话故事灌输，从而共同得出结论（图3-3）。

图3-3　关于"龙"的形象认知

（3）在现在已知现象的基础上，完成对未来发展的预测。实践中的产品设计定位，就是设计师在现有大量资料调查基础上，完成的对未来设计的构想。

3. 问题性

问题性是思维功能性的具体表现。思考是个过程，它以发现问题为开始，解决问题为结束。设计就是思维的这个过程的概括。设计的发现问题—分析问题—解决问题的整体过程，就是对思维问题性的最好注解。

4. 生产性

生产性是思维的产物，它是指通过思维的原始材料经过思维

的加工方法得到可以展现结果的过程。思维的结果，在不同领域所显示出来的产物有所不同。在设计过程中，产品的市场调查、报告总结、草图方案都是思维加工出来的产物，体现了思维的生产性。

5. 个体性

根据主体的不同，思维能表现出不同的认知模式。思维的差异因主体的知识文化、生活环境、经验技术、兴趣愿望等因素的不同存在巨大的差异。同样的产品设计师，在面对同样的市场调研内容，会得出不一样的设计定位，进而完成风格迥异的设计方案。这是主体的个性差异导致的必然结果。

3.1.3 思维的基本类型

我国著名科学家钱学森先生认为思维学包括三个部分：逻辑思维—微观法；形象思维—宏观法；创造性思维—微观与宏观结合。他认为在三种类型的思维中，"创造性思维才是智慧的源泉；逻辑思维和形象思维都是手段"。钱学森先生关于思维类型的划分方式目前得到国内思维科学研究领域比较广泛的认可。

产品设计既是艺术的又是科学的，它同时存在着形象思维和逻辑思维两种思维活动，正如世界工艺美术大师威廉·莫里斯所说，"设计方法的本质便是形象思维与逻辑思维的结合，是一种智力结构"。形象思维和逻辑思维作为人类思维活动的两个最重要的方面，既相互区别，又相互联系。它们之间的区别在于，逻辑思维是运用语言、符号、理论、概念、数字等抽象材料来进行思维活动，而形象思维则是用形象材料进行思维活动。它们的联系在于，就思维的过程而言，没有一种逻辑思维的过程中没有形象思维，也没有一种形象思维中没有抽象思维。更重要的是，形象思维与逻辑思维同样具有创造性，是创造性思维的组成部分。

1. 逻辑思维

逻辑思维也称抽象思维，是对事物间接的、概括的认识，是放眼于事物的整体并在分析考察事物的本质属性过程中，运用概念、判断、推理和论证等形式进行思维活动，揭示事物本质规律的一套思维结构。

"逻辑"一词用英文表示为"logic"，包含有思想、原则、理性、规律的意思，因此逻辑思维也可以被理解为一种理性的、规律化了的思维方式，常常表现为语义的、逻辑的和分析的思维方式，并且以抽象概念为基本单元，以抽象的分析与综合、归纳与演绎以及类比为基本的思维方法，以抽象的语言、符号为基本的表达工具。

逻辑思维对于艺术设计来说具有重要的意义。有些设计师经常将逻辑思维和形象思维对立起来，认为逻辑思维会限制设计的创造力，这种想法是不科学的。艺术设计包括两个层面的任务，即在创造满足人们某种物质功能需求的同时，使人们得到情感和审美上的享受。任何设计任务都起始于某种需要、目的或精神趋向，在思维求解的过程中，经常会出现因不能及时克服的思想呆滞、僵化等缺点而阻碍设计创新的问题，而这时，不妨采用逻辑思维的方法分析、研究、推理、判断，最后得出结论。

在艺术设计领域，逻辑思维的运用主要作用之一是可以作为一种方法或工具用来减少由感性认识局限所产生的偏差，进而拓展形象思维的作用范围。在产品设计过程中不能仅凭感性思维进行创作，设计师应该善于运用科学的逻辑思维方法，在设计过程中考虑和分析人们的需求、人的心理、人机工程学以及产品的形态、功能、技术条件、成本等方面的限制因素，探索当今社会真正适合人类的生活方式以及为其方式服务的并能引导人们进入新生活方式的"物"的设计。

下面以一个椅子的设计为例，进一步说明逻辑思维的运用。在设计椅子之前，设计者获得了如下信息：人们需要一种人造物，可以满足"坐"（有时可能是"躺"）的需求；这种人造物必须让人在生理上感到舒适；这种人造物应符合一类人的文化心理；这种人造物应被安置在恰当功能空间中。

首先，根据第一条命题的规定，设计者通过逻辑思维可得出这样的推论，应该设计出一种有一承重面、一支撑体或有多承受面、多支撑体的人造物。

其次，通过第二条命题，设计者推导出了需要一种符合人体工程学的一承重面、一支撑体或多承重面、多支撑体的造物。

再次，第三条命题进一步使推论走向对造型和色彩以及心理因素的思考中去。

最后，在最后一条命题中不难发现，这种逻辑推论最终结果必然会要求一种实用的、体现功能的、在一定条件下体现文化内涵的、多联系的造物。

需要指出的是，这里的例子只能体现一个简单的逻辑思考过程，实际设计思维中可能会有更复杂的成分，推理顺序可能并不像此例一步一步进行，推理的形式也可能是多样化的，并且还可能伴随着形象思维的参与。但值得肯定的一点是，在这种理性思考过程中，设计须掌握较为清晰、明确的设计目的，以便通过随后相关思维活动将其转化为设计方案或实际人造物。

2. 形象思维

形象思维是一种以客体形象为思维对象、以意象为主要思维工具、以指导创造物化形象的实践为主要目的的思维活动。它借助具体的形象与理想的形象来展开思维。个体的思维过程通过想象、联想、幻想，而且常伴随着强烈的情感、鲜明的态度，且运用集中概括的方法进行。

与逻辑思维的理性、逻辑性并且以抽象概念为基本的思维形式相比，形象思维最基本的特点就是思维活动始终伴随着具体的、生动的形象，而且认识的结果也通常用活生生的形象表现出来。若离开了具体生动的形象，形象思维就无法进行。

形象思维不能脱离"形象"这一感性材料，形象要素是形象思维的核心。形象是客观事物本身所具有的一种属性，具体体现在事物存在空间的规模、结构和空间的排列等外表特征，它能够被人的感知器官感知，从而反映物质的差别和类同，如设计师善于通过事物的形状、结构、位置、形态等形象属性区分，思考和理解设计对象。然而，形象并非简单的、单一性的形成过程，而是一种由表象到意象的运动，即通过视觉、听觉、触觉等感觉器官，并将信息传输给大脑，在头脑中形成所感知的外界事物的感知形象——表象，然后在此基础上，通过有意识地、集中地对有关表象进行选择与排列组合，进而形成新的、渗透一定理性内容的新的形象——意象。产品形象的形成也要经历从产品表象到产品意象的过程，即人们首先获得产品的轮廓或色彩等感知形象，然后才获得产品的意象——如美或丑、冷色或暖色。

苏联作家法捷耶夫说："艺术家传达现象的本质不是通过对该具体现象的抽象，而是通过对直接存在的具体展示和描绘。"艺术的功能就是要从个别的、具体的形象中反映出本质的、具有普遍意义的内涵。通过对生活现象的分析、综合而创造具有典型意义的艺术设计作品，这就是形象思维的任务。

形象思维是设计艺术重要的思维载体和语言表达。设计师借助想象、联想甚至幻想、虚构的形象思维方式，可以极大地发挥自己的创造力，并达到创造新形象的目的。以"形象"要素为核心、以"想象"为基础、以"联想"为形象思维的主要手段是形象思维特征主要的三个方面。

在产品设计领域，设计师运用已有的形象资料，并在此基础上分解、组合、打散、构成不同的新形象，进而创造出既符合实用性又具有美感造型的设计概念。如国家体育场（鸟巢）位于北京奥林匹克公园中心区南部，为 2008 年北京奥运会的主体育场，占地 20.4 公顷[①]，建筑面积 25.8 万平方米，可容纳观众 9.1 万人。奥运会后，其成为北京市民参与体育活动及享受体育娱乐的大型专业场所，并成为地标性的体育建筑和奥运遗产（图 3-4）。

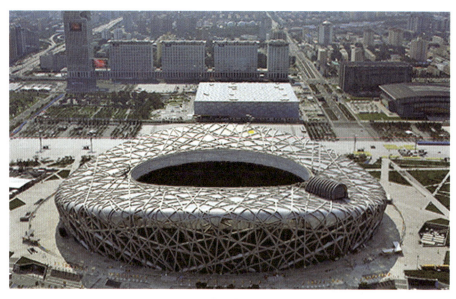

图 3-4　国家体育场（鸟巢）

小提示　鸟巢由雅克·赫尔佐格、德梅隆等设计，由北京城建集团负责施工。其形

---

① 1 公顷 =1 万平方米。

态如同孕育生命的"巢"和摇篮，寄托着人类对未来的希望。设计者们对这个场馆没有做任何多余的处理，把结构暴露在外，因此自然地形成了建筑的外观。设计师运用了类比联想的形象思维方式，创造出了极富情趣的设计作品。

3. 创造性思维

根据思维活动所取得的结果，可以将人的思维方式划分为创造性思维和常规思维。其中，创造性思维是一种具有主动性和创见性、打破常规、求新求变、从多方位多角度寻求答案的开拓型思维方式，是人类思维活动的高级阶段。创造性思维具有广义和狭义之分。广义的创造性思维认为一切对创造性成果起作用的思维活动，都可视为创造性思维。狭义的创造性思维指人们在创造活动中直接形成创造成果的思维活动，如灵感思维、直觉思维及顿悟等非逻辑思维形式。通常所说创造性思维多指狭义的创造性思维。

创造性思维本身是一种复杂的、多元思维的整合，它不属于某一种独立的思维形式，而是通过发散思维和收敛思维，运用直觉思维和逻辑思维，借助形象思维和抽象思维等思维形式，对头脑中的知识、信息进行新的思维加工和整合，形成新的思想、新的观点、新的理想的思维过程，是各类思维形式的综合运用。

创造性思维是设计创造力的源泉，也是设计师最重要的素质。设计师的创造力是多种能力的综合。美国社会心理学家特丽萨·麦·艾曼贝尔（Theresa M.Imbert）提出，创造力包括三个部分：有关创造领域的技能、有关创造性的技能和工作动机。运用该理论于设计实践，可以将设计的能力分为三类。

第一类，与设计才能相关的感知能力。它表现为敏锐、细致的观察力，对色彩、形态的敏感度，高效的形象记忆能力，对复杂事物和不对称意象的偏爱，对于形象的联想和想象力等。

第二类，以创造性思维为核心的设计思维能力。它与先天的形象思维和记忆的能力相关，但是需要通过系统的设计思维方法训练，积累设计经验以及运用适当的概念组织方法来显著提高这方面的能力。

第三类，设计师的工作动机，包括工作态度，对从事工作的理解和满意度。这是一个变量，取决于对特定工作内部动机的初始水平、环境压力的存在或缺乏以及个人面对压力的应对能力。

在这三类能力中，创造性思维能力是最重要的。创造性思维能力强的人，更能够在实践中激发出发明创造的潜力，并通过发现问题、分析问题，综合性地解决问题。因此，设计师要认真学习创造性思维方面的知识，总结出某些带有规律性的现象，并把这些知识、现象灵活地运用到设计实践中，从而从根本上提高个人设计能力。

创造性思维具有以下几个特征：

（1）独创性：是指创造性思维解决实际问题的开创性和新颖性。

（2）广阔性：是指创造性思维的运用需要以广泛的知识为背景，善于多方面、全方位思考问题。

（3）深刻性：主要指创造性思维的深刻程度，善于透过问题的表象而深入把握问题的本质，善于预见研究的进程和结果。

（4）灵活性：是指创造性思维活动能够依据客观情况的变化而变化，表现出思维的"机智"性。

3.2 创造性思维的过程与形式

设计是造物活动，本质在于创造，而创造力的产生与发挥，必须依赖于创造性思维的发散与收敛，可以说，创造性思维是设计的核心。设计者如果能了解创造性思维的特点、规律，将有助于运用思维规律激发创造的潜能，启发创造力的发挥，并能够创造性地发现、分析和解决问题，这是设计造物的本质和灵魂所在。

3.2.1 创造性思维的概念

创造性思维是一种"有创建的思维过程"，它既表现为发现和发明的思维过程，也表现为在思考的方法和技巧上、某些局部的结论及原则上具有新奇独到之处的思维活动。创造性思维本质是发散性思维，当遇到问题时，能从多角度、多侧面、多层次、多结构去思考，去寻找答案，不会受现有知识的限制，也不会受传统方法的束缚。其思维路线是开放的、扩散的。同样，其解决问题的方法也是多样的，在多种方案、多种途径中去探索、选择。创造性思维具有广阔性、深刻性、独特性、批判性、敏捷性和灵活性等特点。

创造性思维是创造成果产生的必要前提和条件，而创造是历史进步的动力，创造性思维能力是个人推动社会前进的必要手段，特别是在知识经济时代，创造性思维的培养训练更为重要。其途径在于丰富的知识结构、培养联想思维的能力、克服习惯思维对新构思的抗拒性，培养思维的变通性，加强讨论，经常进行思想碰撞。

3.2.2 创造性思维的特点

创造性思维是创新人才的智力结构的核心，是社会乃至个人都不可或缺的要素。创造性思维是人类独有的高级心理活动过程，人类所创造的成果，就是创造性思维的外化与物化。创造性思维是在一般思维基础上发展起来的，是人类思维的最高形式，是以新的方式解决问题的思维活动。创造性思维强调开拓性和突破性，在解决问题时带有鲜明的主动性，这种思维与创造活动联系在一起，体现着新颖性和独特性的社会价值。在当今世界，经济飞速发展，科技文化日新月异，主要源于各个领域的创造性。从宏观上讲，创造性是社会进步的动力之一；从微观上讲，创造性是衡量一个人才华高低、能力大小的尺度。创造性思维是创新人才的智力结构的核心。创造性思维是人类独有的高级心理活动过程，人类所创造的成果，就是创造性思维的外化与物化。创造性思维是在一般思维基础上发展起来的，是人类思维的最高形式，是以新的方式解决问题的一种思维活动，它反映事物本质属性的内在、外在的有机联系，是一种可以物化的心理活动。创造性思维不同于一般思维，虽然具有一般思维的特点，但它强调开拓性和突破性。创造性思维在解决问题时，带有鲜明的主动性，这种思维与创造活动联系在一起，体现着新颖性和独特性的社会价值。创造性思维的特性主要有以下几点。

1. 思维的求实性

创造源于发展的需求，社会发展的需求是创造的第一动力。思维的求实性就体现在善于发现社会的需求，发现人们在理想与现实之间的差距。思维的求实性从满足社会的需求出发，拓展思维的空间。而社会的需求是多方面的，有显性的和隐性的。显性的需求已被世人关注，若再去研究，易步人后尘而难以创新。隐性的需求需要创造性地发现。

2. 思维的批判性

我们原有的知识是有限的，其真理性是相对的，而世界上的事物是无限的，其发展又是无止境的。无论认识原有的事物还是未来的事物，原有的知识都是远远不够的。因此，思维的批判性首先体现在敢于用科学的怀疑精神，对待自己和他人的原有知识，包括权威的论断。敢于独立地发现问题、分析问题、解决问题。法国作家巴尔扎克说："打开一切科学的钥匙都毫无异议的是问号。""而生活的智慧大概就在于逢事都问个为什么。"

习惯思维是人们思维方式的一种惯性，致使人们不敢想、不敢改、不愿改，墨守成规，大大阻碍了新事物的产生和发展。因此，思维的批判性还体现在敢于冲破习惯思维的束缚，敢于打破常规思维，敢于另辟蹊径、独立思考，运用丰富的知识和经验，充分展开想象的翅膀，这样才能迸射出创造性的火花，发现前所未有的东西。法国作家莫泊桑说过："应时时刻刻躲避那走熟了的路，去另寻一条新的路。"

3. 思维的连贯性

一个日常勤于思维的人，易于进入创造思维的状态，易激活潜意识，从而产生灵感。创新者在平时要善于从小事做起，进行思维训练，不断提出新的构想，使思维具有连贯性，保持活跃的态势。托马斯·爱迪生一生拥有 1 039 项专利，这个纪录迄今仍无人打破。他就是给自己和助手确立了创新的定额，每 10 天有一项小发明，每半年有一项大发明。有一次，他无意将一根绳子在手上绕来绕去，便由此想起可否用这种方法缠绕碳丝。

如果没有思维的连贯性，没有良好的思维态势，他是不会有如此灵

敏的反应的。可见，只有勤于思维才能善于思维，才能及时捕捉住具有突破性思维的灵感。目前对创新的理解存在一些误区，如认为创新具有偶然性。实际上，每一次的创新看似偶然，绝非偶然，偶然是必然的结果。

4. 思维的灵活性

创造性思维思路开阔，善于从全方位思考，思路若遇难题受阻，不拘泥于一种模式，能灵活变换某种因素，从新角度去思考，调整思路，从一个思路到另一个思路，从一个意境到另一个意境，善于巧妙地转变思维方向，随机应变，产生适合时宜的办法。创造性思维善于寻优，选择最佳方案，机动灵活，富有成效地解决问题。现举例如下：

（1）辐射思维：以一个问题为中心，思维路线向四面八方扩散，形成辐射状，找出尽可能多的答案，扩大优化选择的余地（图3-5）。科学家维纳在研究新理论时，思维的触角往往伸向多个学科进行探求。人们在从事某项工作，解决某个问题时，往往也是多比较、多权衡，多几个思路、多几个方案，以增强解决问题的应变能力。

（2）多向思维：从不同的方向对一个事物进行思考，更注意从他人没有注意到的角度去思考（图3-6）。数学中的"三点找圆心法"，就是从三个角度去探试。古人形容庐山是"横看成岭侧成峰，远近高低各不同"。角度就更多一些。这样才能对事物有更全面、更透彻的了解，才能抓住事物的本质，发现他人不曾发现的规律。爱因斯坦之所以能够创立了相对论就是因为在用不同视角对事物进行观察后，对其相互之间的关系做出了自己的解释。

图 3-5　辐射思维

图 3-6　老人与少女

（3）换元思维：根据事物多种构成因素的特点，变换其中某一要素，以打开新思路与新途径。在自然科学领域，一项科学实验，常常变换不同的材料和数据反复进行。在社会科学领域，这种方式的应用也是很普遍的，如文学创作中人物、情节、语句的变换，管理中的人员调整。

（4）转向思维：思维在一个方向上停滞时，及时转换到另一个方向上。大画家达·芬奇在绘画创作过程中观察人物、景物和事物时，就善于从一个角度不停地转向另一个角度，对创作对象、题材的理解随着视角的每一次转换而逐渐加深，从而最终抓住了创作对象的本质，创作出一幅幅传世之作。还有一些人在探索过程中，"旱路不通走水路"，在此专业研究未达到预期效果时，转向相关学科和边缘学科同样做出了重大的贡献。当今的学科发展日益呈现出既高度综合又高度分化的趋势，各种交叉学科、边缘学科和横断性学科层出不穷，跨学科研究已成为一种趋势。

（5）对立思维：从对立的方向去思维，需要将三者有机地统一起来，即统一的一面，对立的一面还有既对立又统一的一面。这样才能看清问题并获得较为深刻的认识。

在商业行为中，企业与企业之间存在着竞争与合作，我们来看看它们是怎样的关系。

第一种认识：竞争与合作是对立的关系。企业与企业之间要么竞争，要么合作，不合作就要竞争。一言以蔽之，两者是"正邪对立，互不相容"。

第二种认识：企业与企业之间存在竞争，但竞争中却暗含合作。同样，企业与企业合作，合作中也暗含着竞争，仔细想想，企业与企业之间的竞争能够促进各自企业的发展和强大，这恰恰是合作所能带来的效果。企业与企业之间的合作能够优势突出，劣势互补，使各自的企业强大和发展，这恰恰是竞争也能达到的效果。

第三种认识：企业之间的竞争和合作是可以相互转化的，合作关系就会在一定条件下破裂，进而变成竞争关系。同样，竞争关系在一定条件下也可以变成合作关系。

其实所有事情都可以这样用三分法来看，问题应该就是清楚的，更能够理解透彻。理解了"竞争与合作"的辩证关系之后，有哪些实践意义呢？第一，企业既要懂得竞争，更要懂得合作，企业就是在既竞争又合作中发展的；第二，在企业内部既要有竞争又要有合作，不能过度强调内部人员的竞争而忽略合作；第三，要站在合作的立场来竞争，要站在竞争的立场来合作。企业内部引入竞争机制的目的是使企业各部门的合作融洽，这个是根本的；同样，也不能为了企业整体的协同合作而放

任员工，使员工相互推诿，吃大锅饭，从而失去竞争力。

用对立统一的方法，也即三分法看问题和解决问题，可以看得更加深入。当然这个也是抽象的，需要大家在实践中去悟，在实践中去不断加深对这个方法的认识。

同事 A：我觉得这个方案应该要以拍照作为主推点，而不应该以续航为主推点。

同事 B：我觉得你这个说法有问题，你根本就什么都不懂，从现在这个市场情况看，各种产品都主打拍照，根本没什么竞争力，只有强大的续航力才能突出我们的差异化竞争力。

同事 A：你才不懂，我看了一些消费者研究报告和一些市场调研，才主打拍照这个卖点。

同事 B：什么消费者研究报告？那你作为消费者你会购买一个主打拍照的手机吗？

半个小时过去了，两个人仍然在无休止的争论……然而两人早早地忘记了这次讨论的共同目标是为了找到这款手机——"消费者接受且买单的卖点"，而不是两个人的理论说服战。面对目标，真正有效地解决问题的办法，应该是双方建立在共同目标前提下而进行的对解决方案的探讨，而不是一味地为否定对方、说服对方的探讨。

对立思维与非对立思维如图 3-7 和图 3-8 所示。

（6）反向思维：从相反的方向去思维，寻找突破的新途径（图 3-9）。吸尘器的发明者，就是从"吹"灰尘的反向角度"吸"灰尘思考，从而运用真空负压原理制成了电动吸尘器。

（7）原点思维：从事物的原点出发，从而找出问题的答案（图 3-10）。在探究事物时我们常常会遇到这样的情况：百思不得其解的问题，最终回到问题的原点去思考，答案迅即出现。例如在美国纽约，一只鳄鱼皮制成的女式提包，按尺寸大小曾标价 1 500~4 000 美元不等。因此很多人都将鳄鱼皮当作财富的象征。巴赛蒂斯先生花了几年的时间调查"谁最需要鳄鱼

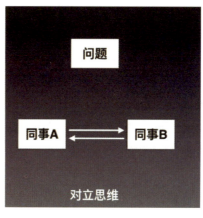

图 3-7　对立思维

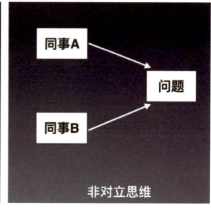

图 3-8　非对立思维

图 3-9　摆脱惯性思维，尝试反向思维　　　　　图 3-10　回归原点思维

皮"，在众多的答案中，有一个答案被认定为唯一的答案："鳄鱼最需要鳄鱼皮"。我国的古语"解铃还需系铃人"讲的也是这个道理。

（8）连动思维：由此思彼的思维。连动方向有三：一是纵向，看到一种现象就向纵深思考，探究其产生的原因；二是逆向，发现一种现象，则想到它的反面；三是横向，发现一种现象，能联想到与其相似或相关的事物。即由浅入深，由小及大，推己及人，触类旁通，举一反三，从而获得新的认识和发现。如"一叶落知天下秋""窥一斑而知全豹""运筹帷幄之中，决胜千里之外"。

5. 思维的跨越性

创造性思维的思维进程带有很大的省略性，其思维步骤、思维跨度较大，具有明显的跳跃性。例如，小米和美的的"联姻"引起了行业激烈的讨论。雷军似乎在下一盘很大的棋，未来，我们可能会看到小米和美的在智能家居等各方面的合作创新，美的和小米的联姻也会刺激更多家电公司寻求以联合的方式进行与对手对抗。

创造性思维的跨越性表现为跨越事物"可见度"的限制，能迅速完成"虚体"与"实体"之间的转化，加大思维前进的"转化跨度"。例如，搜索网站为人们提供准确、便捷的搜索查询服务产品，社交网站向人们提供社交服务，虽然它们并不向用户收费，但巨大的流量所蕴含着的广告价值及衍生出的其他商业价值，远远超过传统商业中的单一产品价值。这也是许多传统行业在互联网思维下不堪一击的主要原因。思维跨越性的核心其实就是价值发现思维，当为新的利益相关方提供了价值，那原有模式的颠覆就显得顺理成章了。当下，业界最常被人们提到的"羊毛出在牛身上，却由猪买单"其实就是价值发现思维的最佳诠释。互联网思维的运用通常都会产生出一些"跨越竞争"的现象。这类企业的出现往往会同时打击和辐射到之前跟它们定位不一样的厂商，如小米，它在向高端辐射的同时，也拉拢了部分低端用户，辐射到低端手机厂商。再比如余额宝，它和小米的区别在于小米跨了用户的边界，而它跨的是业务的边界。余额宝本质上是一个货币基金，但它引发了和银行业的竞争。

6. 思维的综合性

任何事物都是作为系统而存在的，都是由相互联系、相互依存、相互制约的多层

次、多方面的因素，按照一定结构组成的有机整体。这就要求创新者在思维时，将事物放在系统中进行思考，进行全方位、多层次、多方面的分析与综合，找出与事物相关的、相互作用、相互制约、相互影响的内在联系。而不是孤立地观察事物，也不只是利用某一方法思维，应是多种思维方式的综合运用。不是只凭借一知半解、道听途说，而是详尽地占有大量的事实、材料及相关知识，运用智慧杂交优势，发挥思维统摄作用，深入分析、把握特点并找出规律。

这种"由综合而创造"的思维方式，体现了对已有智慧、知识的杂交和升华，不是简单的相加、拼凑。综合后的整体大于原来部分之和，综合可以变不利因素为有利因素，变平凡为神奇。是从个别到一般，由局部到全面，由静态到动态的矛盾转化过程，是辩证思维运动过程，是认识、观念得以突破从而形成更具普遍意义的新成果的过程。

阿波罗登月计划总指挥韦伯说过："当今世界，没有什么东西不是通过综合而创造的。"阿波罗庞大计划中就没有一项是新发现的自然科学理论和技术，都是现有技术的运用。磁半导体的研制者菊池城博士说："我以为搞发明有两条路：第一是全新的发明；第二是把已知其原理的事实进行综合。"关键在于综合，综合就是创造。

3.2.3　如何培养创造性思维

创造性思维是人类的高级心理活动。创造性思维是政治家、教育家、科学家、艺术家等各种出类拔萃的人才所必须具备的基本素质。心理学认为：创造思维是指思维不仅能提示客观事物的本质及内在联系，而且能在此基础上产生新颖的、具有社会价值的前所未有的思维成果。

创造性思维是在一般思维的基础上发展起来的，它是后天培养与训练的结果。卓别林为此说过一句耐人寻味的话："和拉提琴或弹钢琴相似，思考也是需要每天练习的。"因此，我们可以运用心理上的"自我调解"，有意识地从几个方面培养自己的创造性思维。

1. 展开幻想的翅膀

心理学家认为，人脑有四个功能部位：一是以外部世界接受感觉的感受区；二是将这些感觉收集整理起来的贮存区；三是评价收到的新信息的判断区；四是按新的方式将旧信息结合起来的想象区。只善于运用贮存区和判断区的功能，而不善于运用想象区功能的人就不善于创新。据心理学家研究，一般人只用了想象区的15%，其余的还处于"冬眠"状态。开垦这块处女地就要从培养幻想入手。

想象力是人类运用储存在大脑中的信息进行综合分析、推断和设想的思维能力。在思维过程中，如果没有想象的参与，思考就发生困难。特别是创造想象，它是由思维调节的。

爱因斯坦说过："想象力比知识更重要，因为知识是有限的，而想象力概括了世界上的一切，推动着进步，并且是知识进化的源泉。"爱因斯坦的"狭义相对论"就是从他幼时幻想人跟着光线跑，并能努力赶上它开始的。世界上第一架飞机，就是从人们幻想造出飞鸟的翅膀而开始的。幻想不仅能引导我们发现新的事物，而且还能激发我们做出新的努力、探索，去进行创造性劳动。

青年人爱幻想，要珍惜自己的这一宝贵财富。幻想是构成创造性想象的准备阶段，今天你还在幻想的东西，明天就可能出现在你创造性的构思中。

2. 培养发散思维

所谓发散思维，是指倘若一个问题可能有多种答案，那就以这个问题为中心，思考的方向往外散发，找出适当的答案越多越好，而不是只找一个正确的答案。人在这种思维中，可左冲右突，在所适合的各种答案中充分表现出思维的创造性成分。1979年诺贝尔物理学奖金获得者、美国科学家格拉肖说："涉猎多方面的学问可以开阔思路……对世界或人类社会的事物形象掌握得越多，越有助于抽象思维。"如我们思考"砖头有多少种用途"。我们至少有以下各式各样的答案：造房子、砌院墙、铺路、刹住停在斜坡的车辆、做锤子、压纸头、代尺画线、垫东西、搏斗的武器等。

3. 发展直觉思维

直觉思维在学习过程中，有时表现为提出怪问题，有时表现为大胆的猜想，有时表现为一种应急性的回答，有时表现为解决一个问题，设想出多种新奇的方法、方案等。为了培养创造性思维，当这些想象纷至沓来的时候，可千万别怠慢了它们。青年人感觉敏锐，记忆力好，想象极其活跃，在学习和工作中，在发现和解决问题时，可能会出现突如其来的新想法、新观念，要及时捕捉这种创造性思维的产物，要善于发展自己的直觉思维。

4. 培养思维的流畅性、灵活性和独创性

流畅性、灵活性和独创性是创造力的三个因素。流畅性是针对刺激能很流畅地做出反应的能力；灵活性是指随机应变的能力；独创性是指对刺激做出不寻常的反应，具有新奇的成分。这三个因素是建立在广泛的知识的基础之上的。20世纪60年代美国心理学家曾采用所谓急骤的联想或暴风雨式的联想的方法来训练大学生们的思维流畅性。例如，训练时要求学生像夏天的暴风雨一样，迅速抛出一些观念，不容迟疑，也不要考虑质量的好坏，或数量的多少，评价在结束后进行。速度越快表示越流畅，讲得越多表示流畅性越高。这种自由联想与迅速反应的训练，对于思维（无论是质量，还是流畅性）都有很大的帮助，可以促进创造思维的发展。

5. 培养强烈的求知欲

古希腊哲学家柏拉图和亚里士多德都说过，哲学的起源乃是人类对自然界和人类自己所有存在的惊奇。他们认为：积极的创造性思维，往往是在人们感到"惊奇"时，在情感上燃烧起来对这个问题追根究底的强烈的探索兴趣时开始的。因此，要激发自己创造性学习的欲望，首先就必须使自己具有强烈的求知欲。而人的欲求感总是在需要的基础上产生的。没有精神上的需要，就没有求知欲。要有意识地为自己出难题，或者去"啃"前人遗留下的不解之谜，激发自己的求知欲。青年人的求知欲最强，然而，若不加以有意识地转移地发展智力，追求到科学上去，就会自然萎缩。求知欲会促使人去探索科学，去进行创造性思维，而只有在探索过程中，才会不断地激起好

奇心和求知欲，使之不枯不竭，永为活水。只有当一个人对学习的心理状态，总处于"跃跃欲试"阶段的时候，才能使自己的学习过程变成一个积极主动"上下求索"的过程。这样学习，不仅能获得现有的知识和技能，还能进一步探索未知的新境界，发现新知识，甚至创造新见解。

3.2.4　创造性思维方法及其在设计中的应用

1. 抽象思维方法

"抽象思维也叫作逻辑思维，即认识过程中用反应共同属性和本质属性的概念作为基本思维元素，在概念的基础上进行判断、推理反映客观事物的一种思维方式"。其认识由感性个别到理性一般，再到理性个别。逻辑思维活动中的表现形式为归纳、分析、判断、推理、演绎、综合等方式，如图 3-11 所示。

2. 直觉思维方法

仅以少量的本质性的表象为媒介，直接把握事物的本质与规律（图 3-12）。直觉思维是一种不加论证的判断力，是思想的自由创造。其创造原理是经验—直觉—概念—直接—因果判断。

3. 形象思维方法

产品的外形在设计中具有独立的意义，在现代工业设计的人和物的关系中，人的因素是第一的，而形象又是人的第一感受，所以有好的外形设计的产品就是好的产品（图 3-13）。

在唐纳德·诺曼的《情感化设计》一书中，作者提出了一个概念，就是把设计和设计的目标（用户最终是如何享用一项设计的）明确划分为三个层次，分别为本能层、行为层、反思层。所谓本能层，就是能给人带来感官刺激的活色生香。例如，一台计算机，外形时尚，颜色漂亮，一眼看上去使感觉赏心悦目。这是计算机的本能层次在起作用。

学习笔记

图 3-11　抽象思维

图 3-12　直觉思维方法

4. 联想思维方法

联想思维方法是将一事物与另一事物之间外在与内在的、共同的或对比的、形似或神似的因素联系而展开的思维模式（图 3-14）。联想思维是相对自由的思维形式，它们可以是同类的，也可以是异类的，也可以是此实质与彼现象之间发生的联想。

5. 直角坐标联想法

直角坐标联想法就是将两组不同的事物名词或形容词写在 X 轴和 Y 轴上，然后通过联想将其组合在一起，如果有意义并且可行，那么就会成为一件新的产品。如可见的与电话组合，便是可视电话，当然这个已经实现。

6. 组合法

组合法是将两种或者两种以上的技术，产品的部分或全部进行适当的组合，形成新技术、新设计的一种创造方法。例如，老年人常常有老花眼，看书报困难，所以在台灯下手持放大镜进行阅读，经过组合设计，在放大镜中内置灯光，就产生了新的设计（图 3-15）。又如，秤与计算器的组合，可以把测量所得的质量进行计算直接转换成各种单位需要的数据。只有平时多注意观察生活多思考，好的设计才能产生。

7. 头脑风暴法

头脑风暴法又称为智力激励法，一般是通过特殊的小型会议，在一定时间内，围绕某一课题互相启发，激励，取长补短，引发创造性设想的连锁反应，由此产生众多的创造性方案，如图 3-16 所示。

8. 设问法

围绕老产品提出各种问题，通过提问发现原有产品需要改进的地方。引发问题的方法：

（1）转化：这件产品是否可以改为其他的产品，改变一下是否会有新的用途？

（2）引申：是否有别的产品和它相似？是否由此想出其他的产品？

图 3-13　形象思维　　　　　　　　　图 3-14　联想思维方法

图 3-15　思维导图的文字构建
实例——以"人性化"为例（1）

图 3-16　思维导图的图形构建实例——以形象化为例（1）

（3）改变：改变产品原有的形状、颜色、气味、形式、结构等。

（4）放大：将产品放大一些是否会有新的用途？在这件产品上加些什么，从而改变其性能，是否会产生新的用途？例如高一些，长一些，厚一些，大一些是否可以？与其他产品合成一下又会怎样？

（5）缩小：将原有的产品按比例缩小是否会有新的用途？在原有的产品上减少一些机构会怎样？变小、变低、变短、变轻、浓缩、省略、分割等又会有什么结果？

（6）代替：有没有其他产品可以代替现有产品？改变一下模式、序列、布置或者改变因果关系、速度、时间、材料等会有什么结果？

（7）颠倒：这件产品是否可以颠倒一下，颠倒一下之后是否会使其产生新的用途？

（8）组合：现有技术、现有功能能否组合成新的产品？

实战训练

任务题目：

使用创造性思维方法中的头脑风暴法对学校学生宿舍中的物品（床、衣柜、书桌等）展开创造性思考，并形成创造性方案。

任务要求：

1.任意选取学生宿舍中的一个或几个物品进行创造性设计；

2.要求具有创意性、实用性、可行性；

3.以小组为单位完成任务作业，每组人数要求为 5~10 人。

3.3 设计思维的基本方法

3.3.1 设计思维概述

1. 设计思维的概念

设计作为人类理性造物的一种活动，创造新物以满足人的需求是其终极目的。设计思维本质上是一种创造性思维，它的过程遵循一般创造性思维的过程，并具有一定的特殊性。设计思维的特殊性突出地表现在它不是单一的思维形式，而是以各种智力或非智力因素为基础的高级的、复杂的思维活动。我国学者李砚祖提出，设计思维是一种综合思维的观点，他认为"设计师需要根据设计任务和设计对象的不同灵活运用各种思维方式""以艺术思维为基础，与科学思维相结合"，而且其中的"艺术思维是在设计思维中具有相对独立和相对重要的位置""设计思维是一种创造性思维，它具有非连续性、跳跃性的特征"。另外，设计作为一种创造性地解决问题的方法，还应对设计本身存在的诸多令人疑惑不解的多样性给予合理的解释，为更好地获得公众对设计的批评和评价提供基础。因此，设计思维活动归根结底还是一种问题求解的过程，即设计者从问题的初识状态出发，搜索恰当的路径到达既定目标的过程。

综上所述，设计思维的概念可以理解：设计思维是多种思维方式、能力、知识的综合运用，它是以艺术思维为基础，艺术思维与科学思维相结合，智力与非智力因素协调统一的思维方法。在设计思维过程中，艺术思维与科学思维互为条件，共同作用于设计过程中，并为设计师科学地发现问题、分析问题、解决问题的过程服务。

2. 设计思维的特点

（1）设计思维作用于设计主体的思维活动中。设计思维以形象思维为基础并与逻辑思维相结合，两者共同作用于设计主体的无思维活动过程中。形象思维在设计活动中的基础作用体现在设计活动的全部过程都是以造型为目的和手段，不论是最初的草图还是后期的效果图、模型样机，每个阶段都是围绕形态展开，设计师在设计的过程中不断地从大脑中"提取"各种的形态、形式。把这些形态、形式运用于设计方案中，并通过不断的修正与完善，从而获得比较满意的产品造型方案。

在高度重视形象思维在设计活动中所起的重要作用的同时，也不能忽视逻辑思维的作用。逻辑思维从本质上而言是设计的合理性要求在设计思维中的体现。具体表现在设计的目的、概念的确定、功能与形式的契合、方案的筛选与评估以及运用诸如可用性原则、经济原则、技术原则等基本设计原则优化设计的过程等方面。

（2）设计思维的结构具有灵活性、广阔性的特点。这表现在设计思维的过程中，设计师往往采用多个设计方案备选的方法，这样做可以从多角度、多侧面、全方位地思考问题，而避免出现思维模式的线性、单一、狭隘的状态。

（3）设计思维的过程具有跳跃性、突变性的特点。这是因为设计思维不是在对现有概念、知识的一般性进行逻辑推理，而是在创造性思维的基础上通过灵感、顿悟或直觉等非逻辑思维形式来实现的。

（4）设计思维的结果、成果具有开拓性和独创性的特点。开拓性和独创性在思路的探索上、思维的方

法上或者在思维的结论上，具有"前无古人"的独到之处，能从人们司空见惯或完美无缺的事物中提出怀疑，发表新的创见，做出新的发现，实现新的突破，具有在一定范围内的首创性和开拓性。创新思维不同于常规思维，其探索的方向是客观世界中尚未认识的事物的规律，所要解决的是实践中不断出现的新情况和新问题，从而为人们的活动开辟新领域、新天地。

3.3.2　设计思维过程

"设计"一词可以做名词和动词两种理解。从名词意义上理解，"设计"是目的的物化，是思维活动的结果：从动词意义上理解，"设计"是问题构想、规划、决策和求解的活动，是思维活动的过程。设计思维就是关于设计活动中思维本身的理解和创造性思维。任何产品的设计活动，首先是一种设计理念思维的表达，设计体现思维，思维影响设计，而设计活动就是设计思维与设计行为的综合与统一。

设计思维的科学性定义可以理解为人类特有的一种意向性、创造性思维活动，是为了满足特定的需要，在一定的设计思想指导下，将造型力、构想力、整合力融于一体，充分表达设计意图、制订预想方案的构思过程，是设计观念、思维方法和思维能力的表现和展开。从产品设计问题求解的角度，可以将设计思维的过程划分成三个主要阶段，即构思阶段、分析阶段、处理阶段，分别对应于问题发现、问题分析、问题解决的问题求解过程。

1. 构思阶段

构思阶段是问题发现的过程，问题的发现是设计的起点。在产品构思阶段，首先要明确产品设计的问题，如产品的市场定位问题，主要包括竞争者的状况及可能的市场前景；用户群体定义问题，主要包括需求及需求群体特征定义；产品定位问题，主要包括关键的功能性定义以及使用者对于产品的意见，以及还包括可能的限制条件等。通常来说，问题定义得越明确，考虑到的问题越全面，产品构思的效果就越好。因此，这个阶段要求设计师尽可能地将思维发散，尽量地突破以往的思维定式习惯，多方面、多角度地思考问题，并采用适当的方式。例如文本、图框或其他任意可以描述问题的形式记录已经思考了的问题，从而形成该产品可能的问题空间集。

任何产品设计不可能解决所有存在的问题。因此，在定义了产品可能问题空间集之后，要求设计师采用收敛思维的方式对问题进行选择，选择的标准一般因为具体项目的不同而表现出差异性，这个过程中可能有更多的逻辑性思维参与。

因此，在设计构思阶段，问题发现是以发散思维为主，而问题的定义以收敛思维为主，根据具体情况可能存在一定的反复。

2. 分析阶段

分析阶段是通过分析将问题概念化的过程。由于分析问题是以掌握大量信息为基础的，所以在分析阶段需要收集尽可能多的相关信息（如产品的技术信息、产品的问题信息、产品设计开发过程的信息等）。

对问题的分析过程是对收集到的信息进行及时、准确、客观的整理、分析和评估的过程。恰当的信息搜集方法将有助于信息的获取。搜集信息的常用方法主要有问卷调查法、观察法、拍照录像、录音、查阅资料等。

在对问题进行分析后，就可以转入问题概念化过程，也即提出解决问题的可行方案。在这个过程中，首先须针对要解决的问题进行发散式思维，从问题的不同角度出发、设想尽可能多的解决方案；然后进行收敛思维，以便通过比较分析，从大量的解决方案中筛选出具有实际可行性的方案。由于在实际的产品设计过程中，产品的概念化既包括产品造型、色彩、材质等视觉形象的概念化，又包括结构、制造、工艺等工程因素的概念化。因此，这是形象思维与逻辑思维同时发挥作用的阶段。在这阶段，设计概念的表达一般借助设计草图和设计原理图等形式来实现。

3. 处理阶段

处理阶段是问题最终解决阶段，也是由若干个概念中获得最终解的关键步骤。处理阶段最初是对于设计概念的深入，设计师通过综合考虑功能、结构、造型、成本、工艺、竞争性、创新性等因素对概念进行评价，从而获得最佳且最具创新性的设计方案。

3.3.3　设计思维方法

设计思维方法是指在设计过程中分析问题、形成新概念、产生新方案所采用的途径、手段和方法，其目的在于扩展设计思维的深度和广度，提高设计活动的成效，缩短设计探索的过程。在学习设计的过程中，仅凭天赋、灵感而无正确的设计思维方法作指导是难以真正领悟设计真谛的。因此，应把学习设计思维的方法作为培养和开发设计创新能力的重要途径，认真、系统地学习，并在设计实践过程中灵活应用。

设计思维的主要方法包括思维导图法、列举法、设问法、类比法、组合法、借用专利法、头脑风暴法、逆向思维法、象限分析法。

1. 思维导图法

（1）思维导图简述。思维导图是英国著名作家托尼·巴赞（Tony Buzan）发明的一种创新思维图解表达方法。它运用发散思维的原理，以任务主题或核问题为中心进行发散思考，在思考的过程中把与任务、目标有关的关系、结构、要素等提炼为若干概念要素，并以能使人轻松认知的放射状图形方式表达出来，重建，并通过这种直观的图形方式加深对问题的认知和记忆。

在设计过程中，利用思维导图的方法进行思考具有以下作用：

1）有利于拓展设计师的思维空间，帮助设计师养成立体性思维的习惯。思维导图强调思维主体（设计师）必须围绕设计目标从各个方面、各个属性，全方位、综合、整体地思考设计问题。这样设计师的思维就不会局限于某个狭小领域，造成思考角度的定式以及思考结果的局限性、肤浅性。

2）有利于设计师准确把握设计主题，并有效识别设计关键要素。思维导图可以帮助设计师从复杂的产品相关因素中识别出与设计主题相关联的关键要素，通过分析和比较各项因素的主次、强弱，从而形成完整、系统的解决设计问题的思路图，帮助思维主体（设计师）通过复杂、零乱的事物表面来把握其深层的、内在的本质（图3-17）。

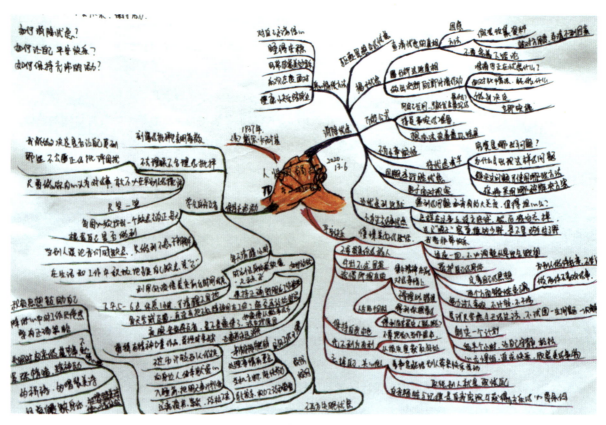

图3-17　思维导图的文字构建实例——以"人性化"为例（2）

　　3）有利于设计交流与沟通。思维导图将隐含在设计事物表层现象下的内在关系和深层原因通过其特征比较和连接，以简洁、直观的方式表达出来，使受众可以迅速、准确地理解设计师思考问题的角度、范围，增强设计方案的说服力，如图3-18所示。

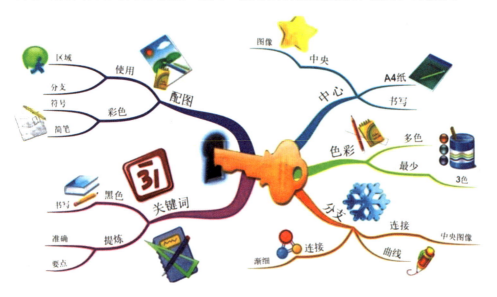

图3-18　思维导图的图形构建实例——以形象化为例（2）

　　（2）思维导图的制作。托尼·巴赞在其著作《思维导图：放射性思维》中，对思维导图的制作规则进行了详细的归纳和总结。根据托尼·巴赞的研究，以及国内有关专家对思维导图所做的相应研究。思维导图的制作可以参考以下几点。

1）突出重点。中心概念图或主体概念应画在白纸中央，从这个中央开始把能够想起来的所有点子都沿着它放射出来；整个思维导图中尽可能使用图形或文字来表现；图形应具有层次感，思维导图中的字体、线条和图形应尽量多一些变化；思维导图中的图形及文字的间距需要合理，视觉上要清晰、明了。

2）使用联想。连接模式的内外时，可以使用箭头；对不同概念的表达应使用不同颜色加以区别。

3）清晰明了。每条线上只写一个关键词，关键词都要写在线条上，线与线条之间要连上，思维导图的中心概念图应着重加以表达。

（3）思维导图在产品设计中的应用。思维导图对设计者来说应当十分熟悉。其作为记录发散思维、形象化图形常用工具，具有方便快捷、具象化、精准、企业形象、社会经济发展、模块化设计的特点。思维导图是一种非常适合工业设计创造力和过程的设计专用工具和方法，具有很高的实际意义。换句话说，在当代工业设计体系里，思维导图善于所有信息的整理和分类。在具体工业设计工作方面，思维导图还可用于设计剖析和创新。

1）方案明确指出阶段。在产品计划方案明确指出阶段，要选择思维导图。产品策略的明确指出位于设计产品产业链的顶端，在推进后续设计计划方案、正确对待后续设计精准定位方面彰显了重要作用。

在这个时候，设计单位经常选择发散性思维方式来想到怪异的概念。思维导图实际上是发散性思维方法的一种分析化学方法。根据思维导图可以探索令人惊讶的想象力。

2）项目可行性和后续评价阶段。思维导图在工业设计早期的设计流程规划中表现突出，它能够帮助设计师进行所有生命期控制设计，制订合理完善的设计方案。

思维导图归纳了新产品制造的前提，可以分析预测产品投入市场后市场将体现在新产品的哪些领域。这种预计可以减少产品的设计周期，并且在产品上市前获得反馈机制，有利于产品师及时改正新产品的构造和外形，以理想的方式处理市场销售。

3）各个领域。在产品设计管理方面，偶尔会有设计师与设计负责人或设计受委托人因思想不同而对设计计划方案发生争执的现象。在这种情况下，设计师有责任劝说另一方或跟对方交流与沟通，从而达到设计计划方案平衡。在这种情况下，思维导图对产品设计的改进方案将具有很大的推动作用。

它可以给予一个关于大特写和前景的全景图，设计师在设计时不会很追求卓越的叙述，而是逐步完善前提下控制宏观经济政策设计计划方案。思维导图中包含色调、文字图案设计，可以梳理和呈现设计步骤中的重要信息，使设计师可以更好地看到产品设计中的重要环节，并致力于设计计划方案重要的创新。

2. 列举法

列举法是针对人们思考问题不细密、易遗漏线索的特点而发明出的一种设计思维方法。它通过列举与设计有关的项目和内容，促使人们全面思考问题，从而形成多种构思方案。

根据使用目的的不同，列举法可以分为缺点列举法和希望列举法。

（1）缺点列举法。缺点列举法主要是针对现有物品、设计的缺点提出改进设想，获得创新概念的一种方法。缺点列举法以了解产品及其使用为前提，从不同的角度列举产品使用过程中

所暴露出的缺点和问题，然后将列举的缺点按照严重性、权重进行分析整理，最后提出具体可行的改进意见和修改方案。参与缺点列举的人群可以包含产品设计师、产品用户以及产品维修人员等。缺点列举法是改进产品设计，提高产品可用性的有效方法。

缺点列举法的使用可以按以下程序进行：

1）采用产品调研、市场调查等手段收集并列举调查对象的尽可能多的缺点；

2）将缺点归类整理，针对这些缺点分析研究，寻找并选出合适的方法与措施加以改进。

（2）希望列举法。希望列举法是通过向对象提出希望和理想点，从而找到创造发明的方向和途径的方法。与缺点列举法不能脱离物品和设计原型的约束性相比，希望列举法是一种更积极、主动地创造技法。希望列举法鼓励列举者摆脱现有设计的束缚，一一列举可能希望达到的目标和各种新的设想。希望列举法通常会产生一些天马行空的概念，这些概念恰巧是创造性产品设计的最强驱动力，例如人类有了翱翔于天空的渴望，才有了飞机产品的设计。实际上，生活中的很多产品都是根据人们的希望和幻想制造出来的。

希望列举法与缺点列举法的程序相类似：选定对象；列举出对调查对象的需求、愿望；归纳整理，确定主要的需求和愿望；针对需求和愿望，寻找并确定满足这些要求和愿望的方法。

实 战 训 练

任务题目：

使用设计思维方法中的列举法对学生使用频繁、易丢失的笔进行创造性设计，并形成方案。

任务要求：

1. 保留列举法思考过程草稿；

2. 要求具有创意性、实用性、可行性；

3. 以小组为单位完成任务作业，每组人数要求5~7人。

3. 设问法

设问法主要用于新产品开发过程中，通过对已有产品、事物提问，发现产品设计、制造、使用、营销等过程中需要改进的地方，从而激发设计创意。

与列举法相比，设问法更加灵活，可以就一个问题从多个角度思考，为产品开发的成功提供了多种渠道，是一种非常实用的创新思维方法。

设问法之所以被广泛地应用在技术开发、产品开发领域，是因为它具有以下优点：

（1）克服了人们不愿意提出问题的心理障碍；

（2）从内容和程序上引导人们从多方面、多角度思考问题，广开思路，为创造性解决问题敞开了大门。

该方法对于解决一些小问题效果显著，而对于一些复杂大问题的解决，它可以使问题简单化、明朗化，从而缩小探索范围。

下面就设问法中被广泛使用的5W2H法和奥斯本设问法两种方法做详细介绍。

（1）5W2H法。5W2H法由美国陆军兵器修理部首创。这源于美国军队里对于任何需要上报或追究的事情，都要从何事（What）、何地（Where）、何时（When）、何人（Who）、何故（Why）、如何（How to）、多少（How Much）七个方面去汇报、了解和分析，于是便总结出该提问法。在工业设计中 5W2H 法主要针对与产品相关的七个方面进行设问，问题的回答将有助于设计师认清本质，针对性地解决问题。

对于"5W2H"的具体描述如下：

What——要进行什么？

Where——针对何地、何处？

When——什么时候进行？

Who——谁设计？

Why——为什么要创新？

How to——怎样进行创新？

How Much——达到什么程度？

（2）奥斯本设问法。奥斯本设问法又称奥斯本检核表法。它是把已经规范化的相关内容列成表格，按一定的程序，对研究对象从不同角度加以审视和研究，从而形成新的构想或设计。

与"5W2H"设问法相比，"奥斯本设问法"的提问更加具体、明确。针对产品的设计问题可以归结为以下几个方面：

1）改变——能否改变形状、颜色、声音、味道、结构、用途、制作方法、方向、环境、范围、领域、条件、方法、目标、运动、意义、类型……

2）增扩——能否增加功能、体积、质量、长度、宽度、厚度、强度，材料是否可以扩大范围，延长时间，提高频率、价值、价格……

3）减项——能否减少功能、质量、体积、强度，能否缩短时间、长度，能否压缩范围，降低价值、价格，能否缩小厚度、宽度……

4）代替——是否可以用其他结构、材料、技术、形式、型号、功能、原理、观点、方法代替现存的对应要素……

5）颠倒——是否可以颠倒上下、左右、前后、内外、表里、正负、顺序……

6）分解——能否化大为小、化整为零、化复杂为简单、化总体为部分、化过程为阶段……

7）组合——能否积小成大、积少成多、积部分为整体，能否把结构、功能、形体、步骤组合起来……

4. 类比法

世界上的事物千差万别，但并非杂乱无章，它们之间存在着程度不同的对应与类似：有的是本质的类似，有的是构造的类似，也有的仅有形态、表面的类似。从异中求同，从同中见异，用类比法即可得到创造性成果。例如，在面包中加入发酵粉能节省面粉并使面包体积增大、松软可口这一因果关系，可做因果类比。在塑料中加入发泡剂，生产出省料、轻质的泡沫塑料。另外，再从泡沫塑料因其多孔性而具有良好的隔热、隔声性能进行因果类比，在水泥中加入发泡剂，人们便发明了省料、轻巧、隔热、隔声性能较好的气泡混凝土。

5. 组合法

创造学奠基人奥斯本曾说过，"组合"是想象力的本质特征，是创新的重要手段。日本创造学家高桥浩也指出："创造的原理，最终是信息的截断和再组合。把集中起来的信息分散开，以新的观点再将其组合起来，就会产生新的事物或方法。"

组合法就是在确定的整体目标下，将不同原理、不同技术、不同方法、不同事物、不同产品和不同现象组合起来，获得发明创造的创新方法。在产品设计领域，组合法主要用来综合多个概念或产品的原理、属性、功能，从而获得全新概念和产品的创新方法。新组合可以是对少量因素的简单组合，也可以是多个因素的复杂组合，所获得的新的组合整体功能大于各组成部分之和。在产品概念构思阶段，特别在设计知识不完备的情况下，应用组合法进行创新设计是一种实用、快捷的方法。收录音两用机、带闪光灯的照相机，甚至带橡皮的铅笔都是创造性组合的产物。常用的组合法有成对组合法、辐射组合法、形态分析组合法和信息交合法。

6. 借用专利法

全世界每年申报许多专利，而且其中发明的新技术有90%~95％发表在专利文献上。但我国目前专利真正发挥作用的还不足10%。因此，借用专利构思创新、设计开发，是创造发明的有用之法、成功之路。例如，1845年英国人斯旺看到一份关于电灯泡制造的专利，从中受到启发，产生制造碳丝灯泡的设想，并于1860年终于发明了第一盏碳丝电灯，写文章发表于《科学的美国人》杂志上。爱迪生读此文章受到启发，从而制成了真正的实用化的电灯。如果不重视查阅专利文献，不仅会阻塞创新之路，也可能重复他人已做过的事情或已走不通的思路，白白浪费心血。1969年，某地开始研究"以镁代银"技术，用作保温瓶的内镀层。经过10年获得了成功，当送去鉴定时，才发现英国早在1929年就已研究成功。重复他人40年前的劳动，使10年的辛苦付之东流，是非常不值得的。

对于工业设计师而言，应该重点关注实用新型专利的查新工作，因为实用新型专利主要是将技术转化为实际的用途，对于工业设计师进行功能设计将提供不少的借鉴和帮助。

借用专利法的思维方法主要有四种：通过调查专利进行创造性思维；综合专利内容和思维方法进行创造性思考；寻找专利空隙进行创造性思考；利用专利知识进行创造性思考。

7. 头脑风暴法

头脑风暴法是美国创造学家A.F.奥斯本于1901年提出的最早的一种创造技法，又称脑轰法、智力激励法、激智法和奥斯本智暴法，是一种发挥群体智慧的方法。

还有一种与"头脑风暴法"相类似的创意方法，即综摄法，又称提喻法、集思法或分合法，是W.戈登于1944年提出的，也可以说是"头脑风暴法"最重要的变种技法。在A.F.奥斯本的"头脑风暴法"中，思想的奇异性，是由"激智"小组里不同专家所进行的无关联类比来保证的，而"综摄法"使"激智"过程逐步系统化。"头脑风暴法"在开会时，明确又具体地摆出必须思考的课题，而"综摄法"在开始时仅提出更为抽象的议题。其基本方法是在一位主持人的召集下，由数人至数十人构成一个集体，这些成员的专业范围较广泛，即需要互补型人才。会上，课题提得十分抽象，有时仅为简单的词汇。例如，所委托的课题是要在车站附近开发自行车停车场。主持人一开始仅提出抽象的，极为简单的词汇——存放。小组成员就"存放"，发想出许多意见："放进竹简里去""流到池子里去""存到银行里去"……然后，主持人点出主题——开发停放自行车的车场，小组成员根据上面种种发想，围绕主题就可得出许多方案，如，"放进竹简里去"的发想可启发为车站附近建塔式建筑存车；月台下挖地洞行车；河底装大塑料管存车等。而"存到银行里去"的发想，又可启发为在车站附近设存车处，按取车的时间先后分别归类；用卡车先将自行车运到别处空地上，到时候再运回交存车人等。

8. 逆向思维法

逆向思维法本质上是一种发散性的思维方式，是一种反常规的思维方法。它鼓励从已有思路的对立面或反面进行问题思考，寻求设计创新。其特点是另辟蹊径，向不同的方向进行思维发散，多端输出，灵活变化，思路宽广，答案新颖。它反映了思维的间断性和突变性。在艺术设计中，特别是在产品设计、平面设计领域，逆向思维是常用训练和表达手法。通过突破常规的逆向思维方法，有利于启发我们获得按常规思维难以获得的设计创意。以自行车的设计为例，传统的自行车设计一直没有突破其原有的造型，结构基本上是链条传动、带钢丝的圆形车轮及充气轮胎。而近年来，在逆向思维方法指导下，设计师从以往设计的反面进行设计，于是，不用链条的、突破原有结构的、无钢丝、不用充气的自行车相继就被设计出来了。

摩拜（MOBIKE）单车采用全铝车身、防爆轮胎、锥齿轮与轴传动、无辐条车轮、抱刹式刹车、全部内走线设计、银色和橙色搭配、具有时尚亮丽外形的单车成了北京一道亮丽的风景线。毫无疑问，摩拜共享单车一经出现，就非常火爆。

摩拜公司提出采用圆锥齿轮－传动杆传动方式的无链传动系统，圆锥齿轮以90°轴交角相啮合，将来自中轴的旋转动力传动至后轴，驱动后轮旋转，杜绝掉链子的问题（图3-19）。

运用逆向思维进行产品设计具有一定的风险性，但这种风险属于创意性风险、创新性风险，风险后面可能潜藏着巨大的成功和回报。

9. 象限分析法

象限分析法用两组或多组反义词来建构关于产品描述的语意构成象限空间或者以时间为依据建构产品的发展趋势，从而形成直观的图像，有利于找到新设计的创意点，如图3-20所示。

如图3-21所示，这是一个初中时就学会的坐标轴，X轴从左到右是点击率的高低，Y轴从下到上是转化率的高低，形成了四个象限，这就是我们要说的象限分析法。

图 3-19 摩拜单车

图 3-20 摩拜（MOBIKE）单车传动系统的解剖图

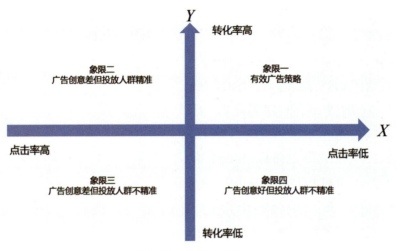

图 3-21　象限分析法

从这张图，我们能分析出什么呢？

针对每次营销活动的点击率和转化率找到相应的数据标注点，然后将这次营销活动的效果归到每个象限，四个象限分别代表了不同的效果评估。

象限一：高点击高转化，点击高代表营销创意打动了受众，转化高代表被打动的受众是产品的目标用户。

象限二：高转化低点击，高转化代表被打动的受众是产品的目标用户，但低点击代表的是营销创意没有打动用户。

象限三：低点击低转化，这个象限是最糟糕的营销活动了，投放广告点击少，点击用户转化低，创意无效，用户不精准。

象限四：高点击低转化，这个象限的营销活动要给策划和文案加鸡腿，但就要给渠道扣绩效了。这种象限的营销活动一定程度上有标题党的嫌疑。

还是针对广告点击量和转化率的象限分析，但对每个象限进行了更加精细的区域切割，例如同样是第一象限高转化高点击的营销活动，基于转化率和点击率的具体数据，可以找到不同的原因，从而进行更加细致的归因分析。

3.4　设计创意实例

3.4.1　Platone 壁灯

意大利设计师 Filippo Protasoni 于 2014 年推出了一款名为 Platone 的壁灯，造型体现出极致的简洁美感，浓浓的极简风与他在挪威学习设计的背景不无关系。Platone 由热塑性的亚光白色塑料模壳制成，内部用铝制金属连接在墙壁上，一个轻微向外弯曲的弧度使得光源能够照射到上方的墙壁反射至周围空间，营造出柔和微妙的间接光影空间。Platone 壁灯如图 3-22 所示。

3.4.2　多功能淋浴喷头

冬天快要到了，走进没有浴霸与暖气的浴室需要勇气。怎样才能在洗浴过程中保持温暖呢？浙江大学的学生们想出了一个妙招，那就是 VAPO。一般人洗澡时，在涂抹浴液的情况下，出于节约水的考虑，都会将淋浴喷头关闭，但在浙江大学学生的这一设计方案中，淋浴喷头将会持续运行，只不过它会转为喷雾的状态，既能保持周身的温暖与湿润，又能够达到节约水资源的目的，如图 3-23 所示。

3.4.3　Dramprom 灯具

这款名为 Dramprom 的灯具是西班牙设计师 Roger Arquer 的作品，外形看上去就是一个朦朦胧胧的漂亮发光的玻璃罐子，如图 3-24 所示。它的独特之处在于灯具底部的水，灯泡亮起来时发出的热量促使底部的水蒸发成水蒸气，布满整个灯具的内壁，从而把灯光散射出去，形成一种蜡烛般的朦胧美感，当灯熄灭的时候水蒸气又冷凝到底部，能循环使用。

3.4.4　Goat 咖啡杯

Goat 是一款由 Desnahemisfera 设计工作室推出的可持续利用的羊角咖啡杯。设计团队想借由这款咖啡杯，向发现了咖啡的动物——山羊致敬。被设计为羊角形状的杯子不仅蕴含着咖啡起源的历史，并且能够轻松帮助饮用者喝完杯中最后一滴咖啡。由皮革材质制作的杯套还可以被用来作为杯垫使用，使其能够轻易站立在任何表面。此外，设计团队还为这款羊角咖啡杯配置了长短不一的两条带子，方便用户将咖啡杯挂在背包或是肩上，如图 3-25 所示。

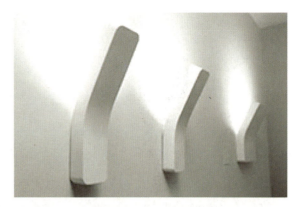

图 3-22　Platone 壁灯

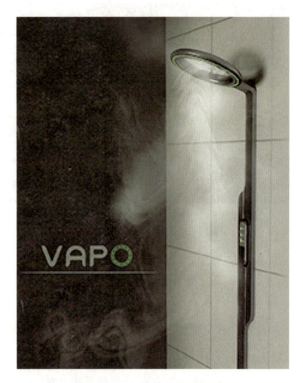

图 3-23　VAPO 多功能喷头

图 3-24　Dramprom 灯具

图 3-25　Goat 咖啡杯

3.4.5　现代灯具

Wrong for HAY 是丹麦家居品牌 HAY 与伦敦设计师 Sebastian Wrong 合作推出的全新品牌，这款 Rope Trick Light 结合了现代 LED 科技和印度的一种绳结绑扎技术，在提供最大灵活性的同时，也有效免除繁复生产工序，如图 3-26 所示。作为创新的光线操控方式，它可以轻易调校出不同的照明方向，而灯头的部分也可以随心滑动至绳子的不同位置，从而成就了这一款无论作为落地灯还是台灯都实属惊喜的设计之作。

图 3-26　Rope Trick Light 灯具

根据所学内容，列举六种产品设计方法，并且举例说明如何将该方法运用到产品设计当中，完成后将其截图，以 JPG 格式上传至学习平台（表 3-1）。

表 3-1　设计方法

方法名称 1	
方法特征（包括概念、应用场景）	
方法名称 2	
方法特征（包括概念、应用场景）	
方法名称 3	
方法特征（包括概念、应用场景）	
方法名称 4	
方法特征（包括概念、应用场景）	
方法名称 5	
方法特征（包括概念、应用场景）	
方法名称 6	
方法特征（包括概念、应用场景）	

项目 **4** | **产品设计方案的表达与评估**

知识目标 《

1. 了解设计产品设计表达的概念、作用；

2. 掌握产品设计表达的类型及表现形式，能够分析相应的产品设计表现方法，获得最终的设计方案；

3. 掌握工业设计行业所需要的设计表现、制作展示以及产品设计方案的评估方法等专业知识，并能够运用这些知识解决设计领域的问题。

技能目标 《

1. 能够从产品的定位、功能、形态、文化特征等方面出发，制作设计说明，要求能够准确表达设计意图；

2. 能够根据设计不同阶段的表现内容与目标，准确选取设计表达的方法；

3. 能够采用多种方法对产品的创新设计方案进行评估和优化。

素养目标 《

1. 通过学习产品设计说明、设计表达、设计方案评估，培养设计逻辑思维、自主创新意识、良好的团队协作精神及良好的沟通表达能力；

2. 通过赏析优秀作品案例，激发创新设计热情，树立文化自信，培养积极进取、敢于创新的精神；

3. 通过各种任务，了解中国传统文化，培养将中国元素应用到产品设计中的能力。

4.1 产品设计说明

在工业设计程序的不同阶段，设计师之间、设计师与相关部门人员之间、设计师与企业决策者之间必须进行必要的交流，以便将设计的阶段性成果，设计中所面临的问题，以及设计的最终方案等提供给各方面进行讨论，并形成统一意见，从而达到设计的预定目标。

在产品开发过程中，需要根据设计程序与方法收集相关的情报和资料，但如果不对它们做进一步的整理、分析和组织，它们就只是一些事实性的描述，其本身不能提供对问题的判断和解释，更不能用于设计的交流与沟通。而要使设计者所发送的设计信息的意义能够被受众正确解读，就需要设计师根据设计信息传递对象的不同，把与设计项目相关的、分散的、杂乱的信息进行加工组织，使之转换为能揭示设计本质并能用于评价、创新、交流等活动的有效信息，从而方便设计师利用这些信息进行设计创新或向设计受众（包括企业的决策者）传递和说明设计信息或设计意图。

换言之，制作设计说明就是指在产品设计过程中，设计信息的发送者（设计师）根据设计信息的使用目的、对象、环境的不同，对设计的原始信息所进行的筛选、演绎、重构和再造等过程。设计说明的根本目的是提高设计信息的利用效能，使信息受众接受并理解设计师所表达的信息。同时，在制作设计说明的过程中，设计者自身的设计思维、设计意图等也能进一步清晰和提升。

竹吹灯的设计说明书如图 4-1 所示。

课件：产品设计方案的表达与评估

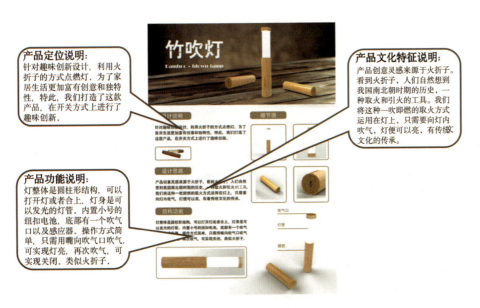

图 4-1　竹吹灯的设计说明书

4.1.1 　产品定位说明

产品的定位说明主要涉及产品的独特性、受消费者欢迎的特征和风格等，突出产品的时代特色、民族特色、地方特色有利于增加产品的市场适应性与竞争能力，吸引消费者，进而提高企业的经济效益。

4.1.2 　产品功能说明

产品的功能说明是从技术和经济角度来说明产品所具有的功能。通过对产品功能的说明，有助于明确用户对功能的要求，以及产品应具备的功能内容和功能水平，提高产品竞争力。

4.1.3 　产品形态说明

产品的形态设计是产品设计的重点。对于产品的形态方面的说明不仅要对产品的形态语意、特征以及易用性、可操作性等人机工程学因素加以说明，还要对市场信息（流行产品的造型特征）、流行信息（流行色）等进行分析。

4.1.4 　产品文化特征说明

产品的使用者都是在某一特定地域、特定环境下生活的人。由于环境和社会的影响会使他们在生活方式上反映出一定的共性特点，这些共性特点表现为独特的地域文化特征。为了使产品适应具体消费人群的文化特征，就要在产品设计中对特定市场所处的文化环境有所反映。同样，设计说明中对产品文化特征的介绍也是不可或缺的重要内容。

　　小提示　为消费者使更好地了解竹吹灯，设计说明书中需要包含竹吹灯的结构功能说明、设计思路、创新独特点说明，以及细节说明等信息。

4.2　设计表达

4.2.1 　设计表达的概念

作为设计创造的主体，设计师在产品开发过程中担负着将产品的三个基本要素——视觉感受（形态）、功能和技术条件加以整合，使之由抽象到具象、从不可见到可见的实体形态，从而被人所感知的职能。在这一过程中需要不断地将整合的结果以直观的形式记录和表现出来。由此可见，设计表达在工业设计中具有重要意义。

对于"设计表达"一词的理解，学界内存在不同的观点。有学者从美学层面出发，认为设计表达是"设计者内心情感的外化"；也有学者从操作层面出发，认为设计表达是"一种技能和手法，用于传递信息"。尽管这两种见解都有其合理成分，但都忽视了形式与认知的联系。

　　具体到工业设计而言，设计表达，是指设计师凭借自己的经验、已有的领域知识和设计知识库等，对产品的信息（技术信息、语意信息和审美信息）进行编码加工，通过设计师的情感理解、文化内涵融入并与实用功能、技术相结合，用一些视觉符号的组合来表述设计的实质内涵，使产品具有美感、识别性与可操作性；并且运用明喻、暗喻、联想、类比和综合等手法帮助用户认识、学习、操作不熟悉的产品（包括产品的外形、色彩、质感、使用方式、情感表达以及所处的环境等）用来实现设计意图的最终结果或产物——设计作品及产品的物质表现手段。简单来说，产品设计表现是设计师通过各种方式将抽象的设计构思、创意概念加以视觉化的创造性活动，是将设计创意准确有效地进行传达，并辅助设计推敲的重要途径，如图4-2所示。

1899 年　　　　　　1906 年　　　　　　1915 年　　　　　　1916 年

图 4-2　可口可乐瓶身的设计表达

拓展阅读

　　1899年，美国田纳西州的查塔努加市成为首个开设可口可乐装瓶厂的城市。当时，可口可乐所用的瓶子是带有金属塞的直身哈金森玻璃瓶。

　　1906年，美国装瓶厂大量使用雕刻有可口可乐浮雕商标的琥珀色直身瓶。1906年，贴有菱形商标贴纸的可口可乐瓶在同行竞争者的包装中脱颖而出。

　　1915年，面对竞争对手们纷纷效仿，可口可乐公司与装瓶商合作，要求制瓶商提交新瓶形设计方案：瓶子必须独一无二，哪怕在黑暗中仅凭触觉也能辨别出可口可乐，甚至仅凭打碎在地的碎片，也能够一眼识别出来。最终可口可乐弧形瓶由印第安纳州泰瑞豪特的鲁特玻璃公司设计并获得专利。虽说灵感来自可可豆荚，但是后来更多人觉得这个瓶子反而像女士身上有曲线的紧身裙，带着一些妩媚和诱惑。这个弧线瓶又被称为"窄底裙瓶"。

　　由于"窄底裙瓶"太沉，重心不稳，可口可乐公司调整了一下弧线瓶的曲线弧度。1916年，这种弧线瓶正式投入使用。这些特征让弧线瓶本身成了一种不可多得的好设计。多年以后，可口可乐瓶身特征被总结成了三大饮料瓶包装设计法则在设计师中广为流传：握住瓶子颈时不会出现滑落的感觉；里面所装的液体看起来比实际分量多；外观别致。

4.2.2　设计表现的内容与目标

设计表现是一种交流、沟通的工具，将设计师的创意概念以视觉化的形式加以呈现，以便于设计过程中的讨论、分析、修改，以及设计效果的展示。设计表现的目标不只是表达设计师的创意，同时也是设计师深化发展设计概念、推敲产品造型形态的视觉化媒介，可以促进设计的进程。

在产品设计的不同阶段，设计表现有着不同的形式。在产品概念产生的阶段，设计师的主要工作是依据设计定位构思不同的设计方向，采用手绘草图的方式可以快速、直接表达设计师的创意概念。

在深化设计方案的阶段，可通过精细效果图表达产品的细节，如结构、色彩、材质等内容。

在设计定案的详细设计阶段，可建立产品的 3D 模型，利用计算机模型表现产品的功能、结构、人机关系、色彩、表面肌理等，而且还需要制作产品的实体模型与展示版面，对设计方案进行全面展现。

4.3　设计表达的分类

设计表达领域内的每次变革都离不开工具和材料的革新。造型技术或制造技术的变迁，是与设计工具和使用工具的表现方法的变化相对应的，而且设计工具及表现方法也是与时代对形态的要求相对应着，向着生产的合理性方向发展，造型技术也根据形态的要求而变化。造型技术与制造技术的进步当然是相辅相成的，从这个意义上说，制造技术与造型技术几乎是相同的。

从功能上区分，设计表达可分为草图、设计效果图和实体模型三类。

4.3.1　草图

在进行产品设计的创意阶段，设计师必须收集资料或进行构思整理，并有效地进行发散思维，以获得更多的构思方案。草图是设计师在对设计方案进行推敲和整理的过程中，采用徒手画等方式将自己的创意和构思由抽象的概念变成可视的具体形象，绘制设计草图是设计师展开和表达自己的设计构思的重要创造手段和过程。尽管当今计算机辅助设计系统、视频技术等新技术手段为设计者表达自己的设计思想提供了更多的途径，但就设计过程来说，图纸作为设计者的语言，特别是对于反思和精确表达他们的思想来说，仍然是不可或缺的。

与草图相联系的是绘图的工具与材料，记录草图一般要求快速、清楚、详细，而且往往需要画一些局部放大图来记录一些比较特殊的结构或形态。钢笔、马克笔等工具具有表现快速的特性，因此是画设计草图的重要工具。

设计草图的绘制并无特别的规范和限制，往往同一画面既有透视图、剖面图，又有细部图，甚至结构图。设计草图更加偏重于思考过程，所以它也是设计师之间、设计师与设计委托人之间交流的重要手段。设计草图画得多，可以增加设计师大脑的设计信息储存量，从而为设计提供更多素材，拓宽设计思路，如图4-3所示。

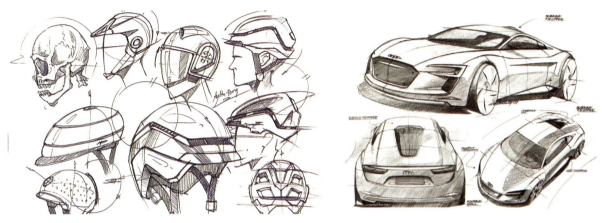

图4-3　手绘草图

小提示　手绘草图是设计的最初阶段。这一阶段设计师一般不太会将注意力放在产品的效果表现上，而是将重点放在分析产品的可能性上。这一阶段是设计师思考创意和推敲造型的过程，因此草图表现有时会比较抽象，甚至别人可能会看不懂，但这些都是可接受的。

实 战 训 练

任务题目：

任意选取物件进行创意性设计，绘制手绘草图。

任务要求：

1. 物件要求选取日常生活中常见的；

2. 需要物件进行二次设计，要求具有创意性；

3. 手绘草图要求清晰、易懂。

4.3.2　设计效果图

当设计方案基本确立以后，设计师需要根据内容的要求，应用特定的绘制工具（手工工具和仪器设备），借助艺术绘画和工程制图的手法，对优选方案的形态、结构、使用方式等进行推敲，建立起比较真实、直观的视觉平台的一种方法。设

计效果图能够表现设计师的创意构想，将构想中的产品形态在平面空间上具象化，充分展示产品的立体感、材料质感，体现合理的结构关系，表现产品设计方案的视觉效果，供设计师进行产品造型的研讨和完善。

随着设计工具的不断更新，设计效果图的绘制方式也随之增加。从功能性角度来分，设计效果图可分为方案效果图、展示效果图和三视效果图；从制作方式来分，设计效果图可分为手绘效果图、计算机效果图。

1. 方案效果图

在设计还未成熟时，往往需要画一些方案初级效果图用于启发、诱导设计，提供交流、研讨方案。此时，设计通常尚未完全成熟，还处于有待进一步推敲斟酌的阶段，这时也往往需要绘制较多的图来进行比较、优选、综合。但较之前期的构思草图要详细而严谨，局部的细节、比例关系、结构、色彩及材质肌理等也要基本准确地符合预想产品的实际效果，如图4-4所示。

小提示 方案展示效果图较手绘草图更加详细而严谨，局部的细节、比例关系、结构、材质等要更符合预想产品的实际效果。

2. 展示效果图

在设计基本成熟阶段，需要绘制展示效果图。一方面展示效果图是决策者进行方案的最终评定以及实施生产的依据；另一方面可用于新产品的商业推广活动。这类的展示效果图表现的产品设计方案已较为成熟、完善，对产品的比例尺度、质感、结构、色彩、体量感等方面能进行深入、细致和准确的表现。

展示效果图需要充分表达出产品形象的形、色、材、质和工艺的内容，需要细节的刻画和主体内容的展示。画面整体应能突出产品的品质和亮点，并结合背景与附加物体现出创意和设计的感染力。当前，这类效果图多应用计算机绘图软件制作，如众多功能强大的二维和三维软件，已给设计者提供了更灵活和快捷的创作空间，同时也增强了效果图表现的真实感、艺术性和精致感，如图4-5所示。

图4-4　方案效果图

图 4-5   展示效果图

小提示   展示效果图多结合背景与附加物来展现创意、突出产品的品质和亮点，多用于商业推广。

3. 三视效果图

三视效果图是直接利用三视图或选择其中一两个视图来制作的。该类效果图较为简便，不需另作透视图，对立面的视觉效果反映最直接，尺寸、比例没有任何透视误差、变形，可用来制作产品的外形尺寸图；但是缺点是表现面较窄，难以显示前两类效果图所表现的立体感和空间视觉形态，如图 4-6 所示。

图 4-6   三视效果图

小提示   三视效果图利用三视图或选择其中一两个视图来表现产品形态。该类效果图对立面的视觉效果反映最为直接。

实战训练

任务题目：

任意选取物件进行创意性设计，绘制三视效果图。

任务要求：

1. 物件要求选取日常生活中常见的物件；

2. 需要对物件进行二次设计，要求具有创意性；

3. 要求利用三视图或者选择其中一两个视图进行产品形态的表达，力求实现最佳视觉效果。

4. 手绘效果图

在设计方案的发展阶段，为将产品的各方面细节表现清楚，通常可以使用手绘效果图的方式来进行表达。早期的效果图以水粉材料为主，辅助以气泵、喷笔、模板等工具来完成，但由于具有绘制起来不方便、占地面积大、携带不方便、噪声较大等缺点，因此现在使用得并不是很多；随着科技和材料的迅速发展，手绘效果图多数使用马克笔、喷笔、水粉、彩色铅笔、颜料等画材表达产品的比例尺度、质感、结构、色彩和体量感等信息。

手绘效果图表现力强，可表现出过渡均匀的色彩和光影，能够使设计方案表达得更加清晰严谨，但由于计算机辅助设计的应用，手绘效果图一般只用于对设计方案的研讨环节，但对手绘有着偏好的企业或者设计师还在坚持这种表现方法，如图 4-7 所示。

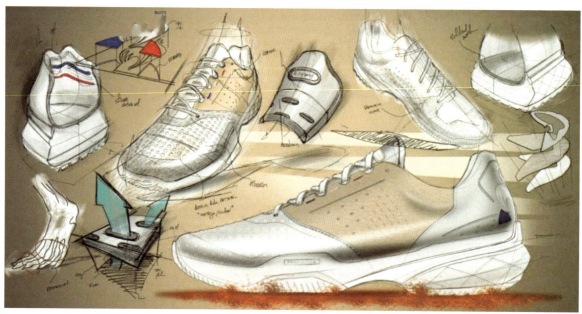

图 4-7　手绘效果图

5. 计算机效果图

就像传统绘画离不开画笔，现代设计也缺少不了计算机。随着 CAD 技术的深入开发和应用，从概念设想、资料收集及分析、综合至表达的过程都会用到 CAD。之所以 CAD 能够在设计中得到广泛应用，主要是由于 CAD 简化了设计所使用的工具和材料，可以更加方便地对设计细节做相应的变更和修改以及高效的复制和批量化的处理。设计定案完成后，采用计算机辅助设计的方式可以表现更为精美逼真的产品效果，设计表现效果直观、稳定、便捷，操作方式也更方便。特别是在产品色彩方案的比较与优化方面具有很大的优势。计算机辅助设计系统正逐渐成为设计过程中不可缺少的角色。计算机效果图分为两种形式：一种是二维计算机效果图；另一种是三维计算机效果图。

（1）二维效果图。二维效果图是指设计师利用计算机手绘板或者二维软件，在二维空间中表现产品的正视图、侧视图、俯视图等必要的视图。常用的计算机平面设计表现软件有 Photoshop（位图软件）、CorelDRAW 和 Illustrator（矢量图形软件）等。Photoshop 在产品色彩、材质、特效等方面的表现具有优势，而 CorelDRAW 和 Illustrator 则在版式设计、图标、符号、界面设计等方面应用得更加广泛。

二维效果图的优点是作图较为方便，不需另作透视图，对于产品几个特定面的视觉效果表现得最直接，规格比例没有任何透视误差、变形等；其缺点是表现较窄，难以更好地表现产品形态空间效果，如图 4-8 所示。

学习笔记

图 4-8　二维效果图

（2）三维效果图。随着 CAD/CAM 软件的应用和功能的不断强大，效果图的绘制方法也由传统的手绘方式转化为由计算机辅助完成。这些三维软件不仅给设计师提供了更灵活的设计空间，还提供了强大的材质、灯光等渲染系统，使设计者能够充分发挥自己的想象力，丰富了表现手段。

常用的计算机三维效果图表现的软件主要是 Rhino、3ds Max、ALIAS 等，设计师在这些软件中建立产品的三维模型，然后利用 V-Ray、K-shot、Maya、Softimage 3D 等给产品的各个部分赋予色彩、材质和贴图，对建立的产品三维模型进行虚拟现实渲染，使模型渲染效果逼真而准确；同时，为增强表现效果也会采用艺术化的处理方式，使产品更加具有真实感，如图 4-9 所示。

小提示　对三维模型进行虚拟现实渲染可以使模型渲染效果逼真而准确，还能使产品更加具有真实感。

图 4-9　三维效果图

任务题目：

任意选取物件进行创意性设计，并制作三维效果图。

任务要求：

1. 物件选取要求为日常生活中常见的物件；

2. 需要对物件进行二次设计，要求具有创意性；

3. 三维效果图制作完成后打印粘贴到下列空白处。

4.3.3　实体模型

如果说，设计效果图提供给人们视觉感知意义，产品设计模型则由于其纯粹物质的空间立体形象，不但具备更丰富的视觉价值，还具备手控的触觉价值，使设计表现更具真实感。产品模型不仅是表现产品设计意图最直观、最真实的一种形式，也是对设计对象进行直接分析、评价和感知的必要手段。

实体模型的量感和结构关系通常与平面图纸及计算机图像中所显示的内容存在着一定的偏差，而且有些细节或局部结构（如倒角、表面工艺等）只有在制作模型实体过程中才能体现出来。模型与效果图的区别就好像雕塑与绘画的差别，绘画中的质感是心理所产生的共鸣，而雕塑是切实可以触摸并感知的真实。

制作实体模型的目的是将设计师的设计方案以形体、色彩、尺度、材质等语言加以具象化的说明，用以与工程技术及企业管理人员进行交流、研讨、评估，检验设计方案的合理性，为进一步调整、修改和完善设计方案提供实物参照，也为制作产品样机和产品投产提供依据。最终完成的模型还常常被用来展示，获取订单等。模型是设计师进行设计表达的重要设计方法。

在设计过程中，设计师在设计的各个阶段，可根据不同的设计需要采用不同的模型和制作方式来表现设计构想。根据产品设计过程中的不同阶段和用途，模型可以分为以下三类。

1. 研究性模型

研究性模型又可称为概念模型、早期模型。这类模型是设计师在设计的初级阶段，根据设计的构思，对比初步方案产品的形态构造、工艺和使用特性，进而分析、验证人、物、环境的合理关系和产品功能的可行性，探讨设计的各部分基本造型的优缺点，为进一步展开设计、完善设计细节打下基础。这类模型通常不要求细节的精确，只具有大致的形态，没有过多细部的装饰和线条，一般也不施加色彩，材料的选择和制作方式也力求简单快捷，能够表达基本的概念构思即可，通常制作出多个形态的模型进行设计比较

和评估。由于研究性模型的作用和性质，在选择材料时以易加工成型的材料为主，如塑料、木制、石膏、黏土、泡沫板（聚氨酯硬质泡沫板或普通泡沫塑料板）、纸材等，如图 4-10 所示。

图 4-10　研究性模型

小提示　研究性模型又称概念模型、早期模型。这类模型用于早期探讨设计可行性，不要求细节精确，只具有大致的形态即可。

2. 结构功能性模型

结构功能性模型又称为分析模型。结构功能性模型是设计师根据需要就设计中的某些具体问题而制作的目的性较强的一种模型，主要是为了深入研究产品的某一属性，如形态变化、结构关系、色彩方案和工艺细节、功能组件的分布、物理性能、机械性能以及人和机器之间关系等；分析并检验各部分组件的规格与机体上的相互配合关系、产品造型与结构、功能的关系；并在一定条件下进行各种试验，测出必要的数据，分析产品的技术性能与操作性能是否达到预定的设计要求。

这类模型需严格按要求进行制作，将产品的结构尺寸、连接方式、过渡形式等都清楚地表达出来。有些结构功能性模型经常需要采用 1∶1 的比例进行制作，部分结构件和零部件直接使用真实的部件代替。同样，这类模型在选材制作上应该尽量做到快速有效地达到研讨的目的，一般选择较易成型的材料，如石膏、高密度发泡、油泥、三合板等材料，如图 4-11 所示。

图 4-11　结构功能性模型

小提示　用于结构功能分析用汽车的油泥模型，其轮胎仪表、仪表等都是真实的零部件。

3. 设计模型

设计模型又称为样机模型、标准模型。该模型是在结构功能性模型的基础上发展而来的，是设计师构想概念投放生产前，制作最完美的模型，主要是为表现产品材料、工艺、色彩及质感、关键结构等内容，正因为如此，在制作设计模型时，需要注意整体造型、外观尺寸、材质肌理、色彩、界面的设计等因素，必须与最终设计效果完全一致。这类模型通常由专业模型师或模型制作公司来完成。

这类模型一般是设计方案定稿之后制作的，采用真实的材料，严格按照设计的尺寸进行制作的实物模型，各部分的细节表现需要非常充分，质量要求比较高，形态上接近实际的产品，是模型的高级形式，是介于设计与生产制造之间的实物样品，常被作为项目审批、投标审定、展示说明、归档收藏、研究分析及批量生产等的重要参考依据，可用于后期摄影宣传，制作宣传广告、海报，将实体形象传达给消费者，如图 4-12 所示。

小提示　手机网站上都有新款手机测评，测评手机实际上就是样机，也就是还没有批量生产的设计模型，用来做前期宣传。样机跟最终上市后的手机是有一点区别的。而手机店里供买家试用的手机应该是上市版的，只不过试用的次数多了，就当样机了。样机由于展示的需要，长年累月开着，屏幕一直在高亮、高彩地展示着，还不时有人触摸把玩，而由于硬盘也一直在转动使用，主板元件也都会有一定的磨损。

图 4-12　设计模型

4. 实体模型制作方法

传统的模型的制作多采用车、铣、锻、压、切割、拼接、粘合等基本方式结合手工来处理，而现在随着计算机辅助设计与辅助制造技术不断得到完善，数字化技术介入设计领域，部分制作已经由计算机辅助完成。模型的制作不仅仅停留在传统手工技术基础上，设计师在实践当中有了更多更灵活的选择。我们可以看到，基于参数化建模技术平台上的 RP 激光快速成型技术以及 NC 数控精密车铣技术是当前社会上常用的样机制作手段。虽然它们所应用的技术原理及成型材料具有一定的差异性，但是，这些技术手段拥有一些共同的优点：

首先，由于数控技术操纵下的机器设备处理的是设计研讨后的最终参数化模型文件，这就使设计原创性得到了完整的体现，避免了传统手工制作模型时人为性地信息损失。

其次，在加工精度提高的同时，加工的时间也大大缩短。传统意义上需要一个月左右才能完成的样机，现在只需要三四天就可以加工完成。这大幅缩短了产品研发的周期，为现代企业制度下提高市场竞争力提供了有力的武器。

最后，由于从设计初期就导入参数化的理念，使得无论是设计还是试制都在一个共同的数字平台上进行，就为并行工程的导入提供了技术前提。也就是说，可以在设计的同时进行样机生产，在样机制作的过程中修改设计、优化结构和功能，也并没有因为这些调整与修改而使项目实施受到影响，反而进一步优化了设计，真正实现了样机模型制作的设计检验功能。

实 战 训 练

任务题目：

任意选取物件进行创意性设计，制作相应的实体模型。

任务要求：

1. 物件选取要求为日常生活中常见的物件；

2. 需要对物件进行二次设计，要求具有创意性；

3. 制作研究性模型用材料尽量选取塑料、木制、纸材等，或者采用铝、铁等金属材料；

4. 以小组为单位完成任务作业，每组人数要求 3~5 人。

4.4　产品设计方案评估

4.4.1　产品设计方案评估的概念

在产品设计的过程中，尤其是在产品方案的创新设计阶段，往往会出现很多设计方案，这就需要对它们进行评估和优化。所谓设计方案评估是指在设计过程中，对解决设计问题的方案进行比较、评定，由此确定各方案的价值，判断其优劣，以便在已有方案中筛选出最佳备选方案。经过综合评价与反复的论证，设计师会根据具体建议对备选方案进行适当修正，进而确定最终方案转交生产技术部门投入生产。

对设计方案的评估只有在具备多个方案的条件下才有意义，才能进行全面的比较和分析。在这里，"方案"的意义是广泛的，可以有多种形式，无论是产品原理方案、结构方案、造型方案等，还是产品草图、零部件或总成图纸，或者是计算机3D模型、实物模型、样机等，都可以作为"方案"成为评估的对象。方案评估贯穿整个设计阶段，每一次评估和总结，都是对方案的不断优化，特别是在产品方案的创新设计阶段，务必对最初产生的众多产品设计方向和创意等基本概念性问题进行各方面的评估和探讨，包括功能定位、技术是否可行、构造是否适当、市场销售前景预测等。在产品的功能和构造更为具体化之后，还要对产品设计的各个细节进行推敲，对造型、功能、成本、技术工艺等多方面进行评估，从而选定最佳设计方案。准确的方案评估不但能保证设计方案顺利地按计划进行，而且能保证设计方案与设计定位更趋一致、更合理。

首先，设计评估，可以减少设计中的盲目性，提高设计的效率，有效保证设计的质量，充分、科学地设计评估，使设计师能在众多的设计方案中筛选出各方面性能都满足目标要求的最佳方案。其次，在确定产品工作原理、结构方案、选择材料及工艺、探索造型形式等各个阶段，都可以进行必要的设计评估，并以此做出决策，以适时摈弃许多不合理或没有发展前途的方案，使设计始终循着正确的路线进行。此外，由于设计过程的投入成本与生产投入成本相比较要少得多，如果一款产品在投入生产后发现存在缺陷或问题，企业的损失要远远超出前期开发设计成本投入。因此，通过设计评估可以有效地检核设计方案，发现设计上的不足之处，为改进设计提供依据，尽量降低生产投入的风险。

4.4.2　产品设计方案评估的原则

（1）该设计对使用者、特定的使用人群和社会有何意义？

（2）该设计对企业在市场上的销售有何意义？

（3）该设计是否满足了用户的基本使用需求？

（4）该设计是否具有独创性？

（5）该设计的生产实施时间、投入资金及结构工艺可行性是否合理？

（6）该设计是否能与企业的形象相一致？

（7）该设计是否具有美学价值？

（8）该设计是否符合环保理念？

（9）该设计是否符合人机工程学要求？

4.4.3　产品设计方案评估的方法

　　设计方案评估就是将不同产品方案的设计草图放在一起进行评比，并以准确、简洁、鼓舞人心的词语表明每个设计方案的全部优点及其突出点。有时还要做设计展示版面，版面要经过专门设计，并以最佳的方式展示设计成果。产品设计方案评估一般以会议的形式先在设计团队内部进行，再拓展到设计主管部门、设计委托人或用户。企业通常汇集各方面人员组成评审委员会，召开评审会议。评审人员包括企业的决策者、销售人员、生产技术人员、设计人员、消费者代表、供应商与经销商、顾问专家等。他们可以从各自不同的角度来审查评估设计方案，并针对各项评估内容对方案进行评分或提出相关建议来缩短设计反复修改的时间，从而选择投产的最终方案。这种评估，不单是从产品的创新形式、功能和效果表现等内容上的感性评估，而是针对成本核算、市场接受程度、销售前景以及生产可行性、市场竞争力及存在的风险等全方位内容的量化评估，这一过程需要有严谨的数字来做评估的依据。

　　企业为了确保评估工作的顺利进行，提高工作效率，得到有效的评估结论，一般在评估工作开始之前，要明确开发任务的主要意图和基本构思，设置相应的评估内容和标准，区分出评估要素的重要级别。由于评估标准并不是固定的，不同的企业会针对具体的设计项目制订各自的评估内容，在不同的具体的评估中，还应视具体情况确定相应的评估程序。

　　方案评估的方法比较多，不同阶段、不同对象，由于评估的侧重点不一样，评估的指标也会有所差别。以下简要介绍四种方案评估的方法。

1. 基于雷达图的方案评估方法

　　基于雷达图的方案评估方法是一种典型的、比较直观的、图形评估方法，把要评估的要素分布在图形的角上，以图形的中心为原点，在对应评估要素的坐标轴上根据需要设定分值，各项要素得分点连接起来围成的面积越大，则该方案的综合评定指数越高。有时也可以把评估中得分比较高的要素重新进行组合，从而获得新方案，如图4-13所示。

　　小提示　针对微星H61M-P31（G3）通过雷达图评估方法展示产品各项评估要素的指数，每项要素满分为5分，各项要素得分点连接起来围成的面积，则可被视为该产品方案的综合评定指数。

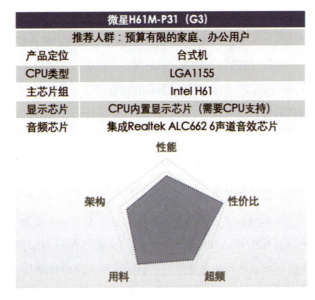

图 4-13　雷达图评估方法

2. 非计量评估方法

非计量评估方法又名 SD 法，是对设计的具体要素在一定评价尺度内做出判断的方法，步骤见表 4-1。

表 4-1　非计量评估方法

评价指标	−3	−2	−1	0	1	2	3
01　宽敞的——拥挤的							
02　开敞的——封闭的							
03　有序的——无序的							
04　安静的——喧闹的							
05　紧密的——稀疏的							
06　整洁的——混乱的							
07　亲切的——陌生的							
08　丰富的——贫乏的							
09　活跃的——死气沉沉的							
10　有个性的——无个性的							
11　统一感——多样化							
12　立体的——平面的							

（1）将要评估的问题列成意见调查表，并拟出若干表示态度的问题，对每个问题的回答分为很满意、满意、较满意、未定、较不满意、不满意及很不满意。

（2）越趋向正面的分数越高，为正值，非常满意、满意、较满意的分数依次设为 +3、+2、+1；越趋向负面的分数越低，为负值，非常不满意、不满意、较不满意的分数依次设为 –3、–2、–1。最后分析时以累积和的方式得出总分的高低。

小提示　给若干个表示态度的问题进行打分，最后以累积和的方式得出总分。总分的高低可以看成该方案的综合评定结果。

3. 层次分析法

层次分析法是美国著名运筹学家 T. L. Saaty 在 20 世纪 70 年代中期创立的一种多目标的评估和决策方法。它将人的思维过程层次化和数量化，为分析、决策、预报或控制提供定量的依据。这种方法的特点是在对复杂决策问题的本质、影响因素及内在关系等进行深入分析的基础上，利用较少的定量信息使决策的思维过程数学化，为复杂决策问题提供简便的决策方法，尤其适合难以对决策结果直接进行准确计量的场合。

层次分析法是先按问题要求建立一个描述系统功能或特征的内部独立的递阶层次结构，通过两两比较因素（目标、准则、方案）的相对重要性，构造上层某要素对下层相关要素的权重判断矩阵，给出相关元素对某要素的相对重要序列。此评估法的核心问题是排序问题，也是一种多层次权重解析法，是通过分析复杂系统所包含的因素及相关关系，将问题分解为不同的要素，并将它们归并为不同层次，形成一个多层次分析结构模型。这种方法所需数据量少，能克服评价方法样本多、数据量大的缺点，如图 4-14 所示。

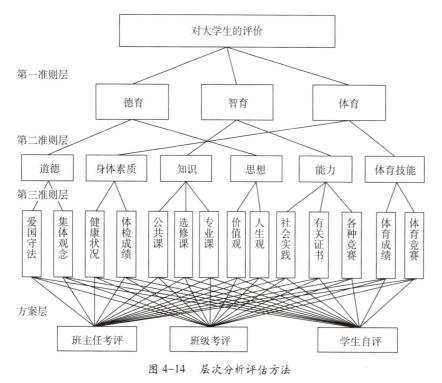

图 4-14　层次分析评估方法

小提示　通过多层次权重解析的方法，将问题分解成不同的准则层，形成一个多层次分析结构模型。

4. 价值工程法

价值工程法是以提高产品使用价值为目的，以功能分析为核心，以开发集体智力资源为基础，以科学分析方法为工具，用最低的成本去实现必要的功能，以提高其价值。

价值工程中，功能与成本的关系为

$$V=F/C$$

式中　V——价值；

　　　F——功能；

　　　C——生命周期。

因此，价值工程实际是为了找出实现某一必要功能的最低成本，即功能评价值，产品的方案评估可以按它的各项功能求出功能评价值，以便从多种方案中选出最佳方案，见表4-2。

小提示　提高产品价值的五种途径分别得出的功能评价值，看成对应途径的综合评定结果。通过对比可以获得最佳方案。

学习笔记

表 4-2　价值工程评估方法

序号	提高途径	示意公式
1	功能不变，降低成本	$V\uparrow=\dfrac{F\rightarrow}{C\downarrow}$
2	成本不变，增加功能	$V\uparrow=\dfrac{F\uparrow}{C\rightarrow}$
3	既增加功能，又降低成本	$V\uparrow=\dfrac{F\uparrow}{C\downarrow}$
4	成本略增，功能大幅增加	$V\uparrow=\dfrac{F\uparrow\uparrow}{C\uparrow}$
5	功能减少，成本大幅降低	$V\uparrow=\dfrac{F\downarrow}{C\downarrow\downarrow}$

4.5　优秀设计作品案例欣赏

4.5.1　多功能音箱充电宝

如今产品越来越多样化，功能越来越丰富。多功能的音箱充电宝的设计表达考虑到功能整合，整合了音箱、充电宝、隐藏式手机支架三种功能，方便了人们生活娱乐、工作出行的使用与携带。该产品采用金属材质，简约的设计，撞色的色彩设计，清新而大方。从设计美学和设计实用性两方面都有很强的表现力，如图4-15所示。

4.5.2　模块化电动搬运车

模块化电动搬运车设计外观采用现代工业的造型语言——流线型造型，设计表达从草图—模型—实物，细节表现到位，模块化设计体现产品紧凑而不失稳重的特点，使得本产品能应用于多种工作场合，模块化设计结合了叉车和搬运车的功能，降低了企业成本，造型紧凑，占用通道小，提升了空间利用率，驾驶便利，电动能源无污染、低噪声，充分体现环保和人性化的设计理念，如图4-16所示。

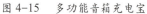

图 4-15　多功能音箱充电宝

图 4-16　模块化电动搬运车

4.5.3　空气净化器

　　从外观造型上：取自广州塔小蛮腰的曲线，十分优美，圆角三角的造型与小蛮腰的腰线结合，硬朗又不失优美，整体配色、造型简洁大方，如图 4-17 所示。

　　这款空气净化器从使用功能表达上：顶部采用悬浮式设计，触摸顶部的电源键即可开关，开启自动上浮，关闭后自动下沉，与主题结合，悬浮顶内嵌呼吸灯，不同颜色对应不同的空气质量。正面用一块 OLED 显示屏来显示空气的 PM 值、温度等具体指标。

　　该设计从草图—效果图—模型展示，流程及细节设计到位，表达清晰，展示清楚。

图 4-17　空气净化器

任务练习

1. 在日常生活中，水杯是一个特别常见的生活用品，请结合实际设计一款携带方便、造型独特的水杯。请完成水杯的设计说明及效果图，并将最佳方案制作成展板。设计完成后，将作品以 jpg 格式上传学习平台。

2. 根据所学内容进行产品设计方案评价，扫描右下方二维码查看产品设计方案，共有 4 款产品 12 个设计表达方案，要求每位学生任选其中一个表达方案从经济评价、功能评价、社会评价三个方面进行评价，撰写评价报告，并且一个小组内的学生不能选择同一个设计表达方案进行评价，待撰写完成后将其上传至学习平台。

(1) 经济评价。经济评价可以根据产品的经济效益进行评价。其内容主要包括获得的利润和花费的成本费用两个方面。获得的利润主要取决于产品的生产数量；花费的成本费用包括工业产品设计制造费用、材料费用、损失费用、包装和运输费用和外协费用等。

产品设计方案

(2) 功能评价。工业产品设计的功能评价主要包括物质功能和精神功能。精神功能方面的评价包括产品造型方面的时代性和审美性；结构方面的宜人性和合理性；色彩方面的舒适和协调性；物质功能评价方面包括使用方面的适用性、安全性和维修便利性；技术方面的有效性、先进性和可靠性；环境方面的协调性和适应性；以及产品的系列化、通用化和标准化程度等。

(3) 社会评价。社会评价是评价方案实施后，对社会带来的利益和影响。要看新产品是不是有利于节约能源；是不是给人们的生活和工作带来方便；是不是给人们的身心健康带来好处；是不是符合国家科技发展规划和政策的要求；是不是有利于环境保护和美化，减少环境污染和公害；是不是有利于新理论和新技术的诞生等。

项目 5 | 产品改良设计程序

5.1 产品改良设计概述

　　产品改良设计又称综合性设计，它是指对现有的已知系统进行改造或增加的较为重要的子系统。产品改良设计是在保持原有系统大环境不变的情况下，针对目前现有的产品展开的一项设计任务，主要针对已有产品的功能、结构、材料以及造型、色彩等方面进行重新设计。换句话说，多数的产品改良会沿用原有的形式和原理，这样可以在节省成本的前提下，通过产品整体概念的任何一个方面的改良，给产品带来全新的感觉。

　　《玉屑》中记述，伞是公元前450年左右由鲁班的妻子云氏根据凉亭的样式发明的，被人们称为"能移动的房屋"。英国在18世纪才开始使用雨伞。虽然伞在最初发明时的主要目的是用来阻挡阳光及雨水，但是，在物质经济高速发展的今天，根据使用者的不同需求，伞也被多次改良再设计，被赋予了更多的意义（图5-1）。

课件：产品改良设计程序

图5-1　伞

产品改进设计最终的目的就是延长产品的生命周期。所谓的产品生命周期就是指产品的市场寿命。这个理论是美国哈佛大学教授费农 1966 年在《产品周期中的国际投资与国际贸易》中首次提出的。产品和人的生命一样，从进入市场开始为生命的起点，直到最终退出市场为终点，这个循环过程像人类的生命循环过程一样，都有一个由诞生、成长到成熟，最终走向衰亡的过程，这就是产品的生命周期现象。即使是受市场欢迎的产品在经历一段时间后也会慢慢被市场淘汰，企业想要继续获得利润，需要在产品周期的成长期寻找新的设计突破口，对产品进行再开发，使产品在安全性、易用性、美观性、环保型等方面得到提升，并降低成本，提高产品价值，进而拉大该类产品的生命周期以创造最大的利润。

小提示　产品生命周期中不同发展阶段销售量、利润、价格及成本的发展趋势，如图 5-2 所示。

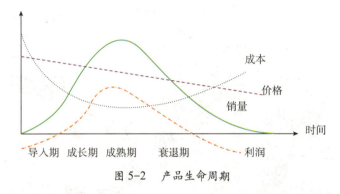

图 5-2　产品生命周期

改良设计是设计工作中最为常见的设计活动。在物质产品极为丰富的今天，人们对于产品的选择不仅考虑它的使用价值，更多考虑的是产品被人赋予的"符号价值"。符号价值表达了产品拥有者的社会地位、生活方式、审美情趣。一句话，人们通过对物品的选择、使用，来向外界"表达"自己是谁、自己的存在状态以及自己与别人的不同之处。在这样的社会背景下，设计师就要通过对原有产品的改良设计，来适应消费者当前的生活方式和风格潮流，从而确保产品具有鲜明的时代特征，这是改良设计占据设计主导地位的最主要的原因。一方面，局部创新改良的产品相较于完全创新的新产品，降低了产品的研发成本，可以获得极大的附加值；另一方面，对于消费者来说，选择在较低成本下开发出来的产品，不仅实现了对较高性价比的追求，而且从产品的使用性能上来看，改进是在现有产品上的改良，可以获得更好的品质保障。

学习笔记

服饰作为一种礼仪标志，是一种语言、一种记忆，也是一种文化，它的变迁是以非文本的方式记载着社会与生活的变迁，并成为时代发展的一个永恒的烙印和缩影。从服饰出现的那天起，人们就已将其社会身份、生活习俗、审美情趣，以及种种文化观念融入服饰，因此服饰的发展具有鲜明的时代特征（图5-3）。进入21世纪后，人们穿衣打扮讲求个性和多变，很难用一种款式或色彩来概括时尚潮缤纷绚烂的主题。互联网的发展使人们获得各类时尚资讯变得畅通无阻，中国的民族元素已经融入并直接影响着国际化的时尚浪潮。

20世纪60年代，全社会流行朴素美，在穿着上更趋于实用、结实

20世纪70年代，西方的奇装异服悄悄闯入了国门，人们追求美的意识逐渐苏醒

图5-3　不同时期的现代中国服饰

20世纪80年代，一个多样化、多色彩、丰富多彩的时装化服装时代

20世纪90年代，国内服饰全面开放，服饰色彩更加丰富、变化多端、风情万种

图5-3　不同时期的现代中国服饰（续）

实战训练

任务题目：

查找相关资料，解读20世纪60年代、70年代、80年代、90年代的服装特色。

任务要求：

1. 以时间为主线，查找相关资料；

2. 选取有代表性的特色图片点评，并将图片嵌入解答过程；

3. 以 Word 的形式完成实战训练，并将其上传至学习平台；

4. 以个人为单位上传。

5.2　产品改良设计的方法

改进性产品最大的特点就是在原有的产品基础上进行了调整，所以改进设计最核心的方法就是缺点列举法，即找到现有产品与市场需要不吻合的地方，进行修改，创造新的卖点。进行产品改进时通常会用到以下具体办法。

5.2.1　量变

量变改进是指在现有产品基础平台上，增加产品的系列或者对该产品做细化改进。

产品系列化的目的，是简化产品的品种和规格，尽可能满足多方面需要，通过充分利用结构典型化和零部件通用化等方法增加产品品种、扩大产量、降低成本。

细化改进就是在不涉及产品技术更新、结构改变，仅在产品原有形态、色彩、材料、功能的基础上添加与市场潜在需求相关的元素，提升产品功能、材料、材质等要求，形成与原有产品的差异，在增加少量成本的前提下，使消费者产生耳目一新的效果。

随着手机的普及，在基本功能不变的基础上，对手机的某方面做相应的改进以满足不同消费者的需求成了当今手机厂家的改良重点，老人智能机、儿童智能机、盲人手机、商用高端机、女性手机、直播用手机等不同类型的手机逐渐被大家所接受（图5-4）。

一汽大众集团旗下大众品牌车型主要有捷达、宝来、CC、高尔夫、速腾、迈腾等不同轿车系列（图5-5）。

5.2.2　质变

质变改进是大幅度修正的改良，一般是对产品技术方面的革新，产品结构上的大幅

学习笔记

图 5-4　手机系列化

图 5-5　一汽大众集团旗下大众品牌车型

变化。在产品更新换代时，会用到这种改良方法。

电视机显示器的每次更新换代，都伴随着产品技术方面的革新。从黑白电视机到彩色电视机、平面液晶电视机、曲面液晶电视机、投影仪、IMAX 巨幕、4D/5D 视听（图 5-6）。

自从人类学会钻木取火以来，照明经历了从火、油到电的发展历程。而照明工具则经历过无数次的变革，出现了火把、植物油灯、动物油灯、蜡烛、煤油灯、白炽灯、荧光灯，发展到现在琳琅满目的 LED 装饰灯（图 5-7）。

图 5-6　电视机显示器的发展

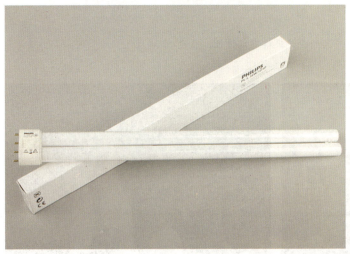

图 5-7　照明工具的发展

实 战 训 练

任务题目：

列举产品改良设计的成功案例，并对其进行解读。

任务要求：

1. 采用图文并茂的方式进行案例的分享解读；

2. 选取有代表性的特色图片点评，并将图片嵌入解答过程；

3. 以 Word 的形式完成实战训练，并将其上传至学习平台；

4. 以个人为单位上传。

5.3　产品改良设计的注意事项

由于产品改良设计是在原有产品的基础上进行改良，不能像开发性产品那样比较自由地进行创意工作。改良设计要考虑产品品牌、销售渠道和消费者对产品认知的沿用性。

5.3.1　改良产品的设计风格要有延续性

产品的改良设计是在原有产品的基础上做出的局部调整，由于原有的产品在市场上有了一定的消费群体和销售渠道，消费者已经对该品牌的产品有了一定的了解和认知，为保留原有产品的消费群体和销售渠道，扩大品牌的影响力，使改良后的产品在设计风格上与原有产品的设计风格有延续性，可以让消费者通过产品的外观就能知道该产品是该品牌的新产品。消费者会在原有产品的认知基础上对新产品抱有期待，这有利于企业品牌的塑造和新产品的销售（图5-8）。

小提示　改良后的产品在设计风格上与原有产品的设计风格有延续性，且设计理念要一致。

图 5-8　产品改良设计风格

5.3.2 改良后产品的基本使用方式不能发生大的变化

改良后的产品会比改良前的产品更加出色，但是如果没有必要，不要改变原有产品的基本使用方式，因为原有产品的消费群体已经适应了这一产品的基本使用方式，形成了使用习惯，如果突然改变使用方式，会造成原有消费群体的流逝，对企业品牌的口碑造成不利的影响，甚至会影响改良后的产品市场占有率，所以，如果一定要在基本使用方式上进行改良设计，一定要做充足的调研和有必要的应对措施。

遥控器是为懒人设计的，这句话一点也不假。世界上第一个遥控器的名字就叫"懒骨头"，不过那时候的遥控器并不是无线的，而是拖着一根长长的难看的尾巴。直到1955年，这个尾巴才去掉，诞生了世界上第一个无线遥控器。汽车遥控钥匙的主要作用是遥控开关汽车门锁、车窗和后备厢。尽管随着汽车的普及，汽车遥控钥匙也拥有了越来越多的样式和使用功能，但是其基本使用方式依然没有改变（图5-9）。

学习笔记

图5-9　汽车遥控钥匙

5.4　产品改良设计的内容

改良设计是在保持原有系统大环境不变的情况下，针对目前现有的产品进行再设计的过程，改良设计针对的通常是现有产品的功能、造型、结构、材料及色彩等方面进行重新设计。

5.4.1　功能改良

在产品设计的诸要素中，功能是首要的要素，它决定了产品的意义。功能是产品的基本属性，是指产品所具有的效用，产品只有具备某种特定的功能才有可能进行生产和销售。在产品销售的过程中，用户所购买的是依附于产品实体上的功能。因此，可以说产品实质上就是功能的载体，实现特定功能是产品设计的最终目的。

这个特定功能已然超越了实用功能的局限，越来越呈现出多元化的发展趋势，包括认知、个性审美、身份体现等多方面的因素。产品的功能可以分为使用功能与审美功能。使用功能是指产品的实际使用价值，审美功能是利用产品的特有形态来表达产品的不同美学特征及价值取向，让使用者从内心情感上与产品取得一致和共鸣的功能。使用功能和审美功能是一件产品功能的两个方面，依据侧重点的不同，可以将产品概括为如下三种类型，即功能型产品、风格型产品和身份型产品（图5-10）。

学习笔记

（a）　　　　　　　　　　（b）　　　　　　　　　　（c）

图 5-10　不同类型的产品

（a）功能型产品；（b）风格型产品；（c）身份型产品

（1）功能型产品：又称实用型产品，顾名思义，这类型产品以强调使用功能为主，设计的着眼点是结构的合理性，重在功能的完善和优化，外观造型依附于功能特征实现的基础之上，不过分追求形式感，表现出更多偏向于理性和结构外露的特点。

（2）风格型产品：又称情感型产品，这类型产品除了具备一定的功能外更追求造型和外观的个性化、趣味性，强调与众不同的造型款式和张扬独特的使用方式。

（3）身份型产品：又称象征型产品，这类型产品与前两者不同的地方是更凸显精神的象征性，消费者以拥有它而感到自豪和满足，别人也因产品而对主人的身份和地位产生某种认同和肯定。

上述分类法对于设计师的工作非常有帮助，弄清楚产品属于哪一种类型，正确地理解和把握产品的功能性，才能够理解功能改良的侧重点。

功能改良一般会带来产品结构上的变化，结构改变产品的形态也会发生比较大的调整，这样的改良一般会发生在企业的产品需要更新换代的情况下。一般一个产品上市后，经过一个时间的销售，大家对其使用功能有了认识，这时功能改良需要在保持基本功能不变的情况下，删除过剩功能，同时增加不足功能，其核心操作系统没有发生根本的变化，因而其产品的生命周期得到了延伸。产品功能的改进一般要满足以下三个特征。

（1）改进的功能需要符合现实的技术要求、产品的市场定位和成本控制要求，以消费者的需求作为出发点来定义和设计产品的功能结构。

无人驾驶汽车是为满足消费者的需求而改进的新型汽车，考虑到成本、法律法规、安全可靠等一系列问题，目前无人驾驶汽车正式大量投入市场还需时日，但它开启了汽车未来的一个发展方向［图 5-11（a）］。

(a)

(b)

图 5-11　功能改进型产品设想
（a）无人驾驶汽车；（b）未来 2D 公交车

117

未来 2D 公交车是美国设计的未来公交车的设想，本意为缓解目前的交通压力，但是由于现有机动车道、法律法规、成本等诸多问题，其必要性受到了多方的质疑［图5-11(b)］。

（2）改进的功能能够符合时代背景的要求，结合当前时尚元素，满足当前消费者对产品的需求。

新能源汽车是指采用非常规的车用燃料作为动力来源（或使用常规的车用燃料，但采用新型车载动力装置），综合车辆的动力控制和驱动方面的先进技术，形成的技术原理先进，具有新技术、新结构的汽车。在当今能源和环保的双重压力下，新能源汽车无疑将成为汽车未来的发展方向（图5-12）。

（3）改进的功能能够解决原有的产品问题，实现简单功能的改进。

变色眼镜是用变色玻璃做成的眼镜，在阳光下经紫外线和短波可见光照射，颜色变深，光透过率降低；在室内或暗处镜片光透过率提高，退色复明。镜片的光致变色性是自动的和可逆的。变色眼镜能通过镜片变色调节透光度，使人眼适应环境光线的变化，减少视觉疲劳，从而保护眼睛（图5-13）。

学习笔记

图 5-12　新能源汽车

① 近视眼镜　② 偏光太阳镜
③ 夜视眼镜　④ 3D眼镜
磁吸套镜　四大用途

图 5-13　变色眼镜

人们在审视产品的过程中，产品的造型、色彩与材质等外在的视觉感受通常先于包括功能、性能和质量等内在因素作用于人的感觉器官，并会直接引起人的心理感受。因此，美国学者唐纳德·A.诺曼（Donald A.Norman）在讨论美在产品设计中的作用时就认为"美观的物品使人的感觉好，这种感觉反过来又使他们更具有创造性思考"，并由此得出结论，"美观的物品更好用"。一般来说，产品功能方面的改良会受到技术、经济成本等方面的制约，而对产品形态、色彩和材质方面的改良而言，制约较小，有较大的发展空间。另外，这类改良具有较强的应变力，也更直观，能够很清晰地展现出产品之间的换代关系，从而以旧的产品引起人们新的心理感受，不断延长产品的生命周期。因此，产品改进设计最常见的改进部分就是产品的外观改良。外观改良一般包括三个部分，即形态改良、材质改良和色彩改良，也就是产品设计的三个要素。

1. 形态改良

形态改良能与设计潮流步调一致，而且形态改良容易操作的部分，一般是在原有技术平台基础上进行调整。如果一个品牌的产品外观形成风格，那么形态外观的改良基本上也就是微调，在保证整体形态不变的情况下，只做表面部分的细化（如增加装饰条、操作界面重新分割组合等）。因此，追求产品外观的风格化是建立产品特征的重要手段，也是增加产品外观寿命的最佳办法，还是产品改良的基础平台。好的产品的特征就是该产品的风格，风格形成延续很长时间。

随着时代的发展，为满足消费者的不同使用需要，自行车的外观形态、风格也发生了变化（图5-14）。

图 5-14　拥有不同外观形态的自行车

2. 材质改良

无论产品设计其功能和形态是简单还是复杂，都需要制订材质作为形态的载体，使功能由抽象的概念转化为物化的实体，产品形态的塑造受所选材料及其质感影响。金属给人的感受是理性、可靠、冷漠、科技等；塑料给人的感受是光滑、轻巧、低档等；木材给人的感受是亲切、淳朴、自然、古典等；陶瓷给人的感觉是冰冷、纯净、传统等；皮革给人的感受是温暖、柔软、高贵、奢华等；高光、镜面质感往往可以体现产品的高品质；亚光、磨砂质感则使产品显得内敛、低调，还可以改善产品的操作性能；拉丝质感则能体现很强的科技感。不同的材料以及材料经过加工后呈现出来的不同的质感变现都会给产品使用者以不同的感受，因此在设计中合理地选择材质并且搭配适当的质感表现可以将产品形态塑造得更加丰富和真实，使产品呈现独特的形象，以特有的方式向用户传达产品信息，满足其不同要求（图5-15）。

因此，即使是在产品形态不做改变的情况下，仅更换产品的表面材料和材质也会使产品的外观出现比较大的改观，而且表面材质和质感变现也是比较容易操作的方法。

3. 色彩改良

色彩作为产品给人的第一视觉印象，是设计表达的一个重要因素，合理有效的用色可以更突出地表现产品的特点，提高

图5-15　不同材质盛水容器

产品的附加价值。

在产品设计中，应根据产品属性、用户群体、人的认知规律及企业的整体形象，合理安排色彩的使用范围。不同的色彩暗示出不同的性格特征，如红色代表张扬冲动、精力旺盛、具有坚定的信念；绿色代表清新自然、青春活力、欣欣向荣；蓝色则充满梦幻、平静深远、均衡稳定。色彩易于设计情感的表达，还具有刺激视觉注意力的能力，它也可以快速传达信息。

色彩搭配的改良是做表面处理的一种改良方式，一般色彩改良需要考虑以下几点：

（1）色彩设计应符合人的认知规律。人们在长期的社会生活中形成了一套约定俗成的认知规律，产品的色彩设计应符合这些规律，顺应认知的产品色彩能协调或弥补产品功效欠佳的不足，起到事半功倍的作用。

电风扇的色彩设计以冷色系为主，可以给人以凉爽的心理暗示，而家电产品以白色或浅灰色为主，带来洁净、清凉和节能的感觉；儿童用橡皮设计主要以鲜亮的颜色为主，可以充分发挥儿童的想象力及兴趣，如图5-16所示。

（2）色彩设计应符合产品的功能属性。进行色彩设计时必须考虑与产品功能特点的统一，使人们加深对产品功能的理解。也就是说，色彩能起到产品功能语意表达、操作提示和辅助形体表达的作用。

进行医疗仪器设计时，为了使其庞大的体型显得

图5-16　不同色彩搭配产品1

轻盈，减轻病人心理上的压迫感，缓和病人在使用产品时的紧张情绪，所以往往采用蓝色以及白色作为医疗仪器的主色调，并且多用圆弧设计，也是为了减轻病人的心理压力，如图 5-17（a）所示。

中国灯笼又统称为灯彩，是一种古老的汉族传统工艺品，起源于 2 100 多年前的西汉时期，每年的农历正月十五（元宵节）前后，人们都挂起象征团圆意义的红灯笼，来营造一种喜庆的氛围。后来灯笼就成了中国人喜庆的象征，如图 5-17（b）所示。

（3）色彩设计应符合用户群体的性格特征及审美偏好。根据不同阶层、不同年龄的用户群体，产品可采用不同的色彩组合，以唤起用户的价值认同。

猩红色雅马哈摩托、炫彩汽车，性格张扬、充满青春活力，深得年轻人的喜爱，如图 5-18（a）所示。

在儿童玩具、家具等产品的设计中，通常采用明亮的、高饱和度的色彩，这是因为鲜艳跳跃的颜色很容易吸引儿童的注意，如图 5-18（b）所示。

（4）色彩设计应符合企业的一贯形象。在产品同质化现象日趋明显的背景下，为了使自己的产品在同类产品中更加吸引消费者的注意力，企业都很注重自身形象的塑造。而在塑造企业形象的信息源中，色彩发挥着举足轻重的作用，因为它是最具传播力和感染力的信息，在人脑处理和辨认信息时色彩所占的比重远大于产品的形态或材质。因此，色彩设计不但应符合企业的一贯形象，而且还要发挥强化企业形象的作用，加深消费者对该企业形象的认知程度。

可口可乐公司采用的红色洋溢着热情、欢快和健康的气息；百事可乐公司采用红、蓝二色的组合形成丰富的美感，如图 5-19 所示。

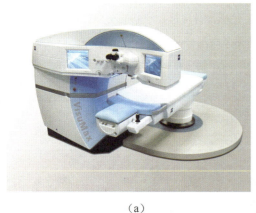

（a）　　　　　　　　　　　　　　　　　　　　（b）

图 5-17　不同色彩搭配产品 2

（a）　　　　　　　　　　　　　　　　　　　　（b）

图 5-18　不同色彩搭配产品 3

图 5-19　可口可乐及百事可乐产品

5.4.3　人机关系改良

人机工程学（Ergonomics）是 19 世纪 40 年代后期发展起来的一门技术科学。现代人机工程学已成为设计师在设计中自觉考虑的一个重要因素。从 20 世纪 50 年代到 60 年代，一些发达国家已经率先成立了研究人机工程学的专门机构和相关协会，如 20 世纪 60 年代成立的第一个国际性人机工程学专门研究组织——国际人类工效学协会（International Ergonomics Association），它使各国在该领域的研究得以相互交流和探讨，对人机工程学的发展起了很大的推动作用。我国于 1989 年成立了中国人类工效学协会，并于 1991 年成为国际人类工效学协会的正式成员。

人机工程学是研究人在某种工作环境中的解剖学、生理学和心理学等方面的各种因素，研究人和机器及环境的相互作用。

产品中的人机关系设计就是要求产品设计要符合人的生理、心理因素。因此，对人机关系的改良是所有产品设计的重要研究课题。

对产品的人机工程学因素进行改良，就是在对用户的使用情况进行调查、分析的基础上，对原有产品中存在的不符合人机工程学要求的结构、尺度、功能、操作方式进行再设计，使改良过后的产品与人的生理和心理机能相协调，重视"方便""舒适""可靠""价值""安全"和"效率"等方面的评价，也是任何一种产品设计不断推进的设计方向，使机器、环境适合于人，这是个动态过程，在这个过程中不断遇到新的问题，就需要设计进行针对性的调整，使消费者在使用产品时真正处于主动地位。

鼠标的人机工程学无非是外形的大小和曲线（弧度），以及重量这几方面的设计。用人机工程学设计鼠标的目的就是最大限度地满足用户使用鼠标时在手感和舒适度，以及使用习惯方面的要求，尽量减轻长时间使用时身心的疲劳程度，尽量避免产生肌肉劳损的症状，从而最大限度地保护用户的身心健康而且提高用户的工作效率，如图 5-20 所示。

图 5-20　基于人机工程学的各类鼠标

5.5　产品改良设计的基本程序

产品改良设计的程序与其他程序最大的不同就是产品改良设计往往具有较为明确的设计任务和产品未来的目标状态，它需要在原有产品的基础上寻求需要改良的部分，因此，产品改良设计在设计过程中可以获得丰富的可参考和借鉴的产品资料。

鉴于改良设计过程的复杂性和设计任务的具体特点，改良设计的程序也并非是一成不变的，根据具体设计对象的复杂性及设计团队的创新能力的差异，产品改良设计的程序可以做适当的调整。一般来说，产品改进设计基本程序主要分为以下四个阶段。

5.5.1　改进计划阶段

产品源于社会需求，受市场要素制约，因此，产品竞争力的关键是产品能否给消费者带来使用的便利和精神上的满足。产品改良设计在本质上是受市场、技术进步驱动的设计行为，因此，在实际的设计程序操作过程中，改进性产品开发设计应该着重关注设计调查的部分，设计产品所有的出发点和思维重点都是根据调查分析的资料和结果决定，通过市场信息的大量收集和分析，有助于设计师加深对问题的认识，使之能够完整定义问题，并准确进行后续的设计改进。

改进性产品的设计调查方法与本书项目 2 所述内容基本一致，但是改进性产品主要是在已经形成销售市场的成熟产品的基础上展开优化、充实和改进的再开发设计，所以应该从考察、分析与认识现有产品的基础平台为出发原点，对产品的"优点"和"缺点"进行客观的、全面的分析判断，分析它们存在的合理性和不合理性、偶然性和必然性，并在此基础上，确定一个合适的产品设计方向，即产品设计定位。

设计定位时在产品设计过程中，运用商业化思维，分析市场需求，为新的设计方式和方法设定一个适当的方向，以使产品在未来市场上具有强大的竞争力。设计定位的正确与否直接关系到设计的最终成败。在设计中，常见的设计定位如下。

（1）人群定位。在产品改良开发设计中，产品使用的目标人群的确定是一个首要问题。产品使用者的性别、年纪、收入、学历等问题是设计者在产品改良设计的原点，找到目标消费群体对于确定产品的使用功能来说至关重要。

（2）价格定位。价格在产品销售中起到非常重要的作用，产品的价格除了受到产品的基本开发、生产、销售影响外，还受到社会经济整体状况及人均消费水平的影响。另外，产品的品牌、技术等附加价值可使其形成特定的价格定位。

（3）功能定位。无论何种产品，都在做着功能诉求，也就是各种形式的广告宣传和市场开发。其目的是明确地告诉消费者该款产品能干什么？在人们的生活中能起到什么作用？但是不同消费者对产品的功能有着不同的侧重，从而形成了不同的消费群体，产品功能定位就是要针对各种特殊的不同消费群体，最大限度地满足其需求，从而赢得市场销售份额。一个准确的功能定位，不仅能够迅速打开市场的大门，也能以其鲜明的使用功能定位个性，迅速树立自己的品牌并占据市场。

（4）质量定位。由于"产品"包含的种类众多，也有很多产品没有长期使用的要求，仅仅是"一次性产品"，因此关于产品的"质量"的"度"的把握，就显得复杂多变。

5.5.2　设计阶段

改进产品设计阶段主要完成的是方案设计和评价筛选任务。

方案设计是在确定产品设计定位的前提下，采用适当的产品改良设计方法，在以往产品的基础上的修正。需要量变的改进一般是根据前期的市场调查结果，完成产品细化或产品系列化的一个过程。

在方案设计过程中，"创意"往往至关重要，有好的创意，改进产品才能成功。

设计方案具体化后需要对设计前期的阶段性成果进行检视、分析与评估，并提出改善建议、问题、结论以及后续要求的活动，确保设计方案有足够的可行性和合理性。设计评价贯穿设计全过程，动态地存在于设计的各个阶段，只有通过了严格的评价，达到了各方面的要求，才能降低批量生产成本投入的风险。不同的设计项目有不同的评价标准，一般好的设计应符合以下条件：实用性好、安全性能好、较长的使用寿命和适应性、符合人机工程学、技术和形式具有独创性、环境适应性好、实用的语义性能好、符合可持续发展要求、造型质量高。

5.5.3　模型制作阶段

模型（样机）是根据实物、设计图样或构思，按比例和其他特征制成的与实物相似的一种物体。模型直观可触摸，是能够辅助设计决策、团队沟通、降低协作风险、强化进度控制的工具。模型的使用可以降低开发成本、加快研发的速度。从总的进程控制和成功率来看，模型对改进产品的设计流程的促进还是显而易见。改进设计在本阶段会制作大量的模型，这些是原有产品进行改进后的替代品并且具备现有产品全部属性。

通过模型可以检验产品的造型设计、结构图样和零部件的装配关系，并可通过对真实尺寸的观察，对产品外观设计做进一步地调整和修改，对于一些机能性比较强的产品，有时要通过模型来检测产品的技术性能和操作性能是否达到预定的设计要求。

从模型在设计各阶段的作用，可以分为草模型、概念模型和样机模型。

1. 草模型

草模型是设计师在产品的构思阶段用来推敲产品的空间尺寸、人机关系和产品结构的可行性的手工模型，一般用纸、油泥、石膏、泡沫等易加工成型的材料制作（图 5-21）。这是在方案构思阶段，为了验证工作原理的可行性而制作的一种产品雏形，是产品初步框架。这种模型比较简单，和最终产品的差距可能很大。

（a）　　　　　　　　　　　　　　　　（b）

（c）　　　　　　　　　　　　　　　　（d）

图 5-21　汽车草模型

（a）纸制汽车模型；（b）泡沫汽车模型；（c）石膏汽车模型；（d）油泥汽车模型

2. 概念模型

概念模型在外观上很接近最终的产品，但不包括内部构造，它可用于设计师对产品造型的细节推敲。概念模型是在草模型的基础上侧重对产品造型的考虑而制作的模型，用来表示产品的造型风格、布局安排，以及产品与人、环境的关系等，从整体上表现产品造型的整体概念。

3. 样机模型

样机模型是指设计的最终实体结果。它尽可能具有真实感，能体现产品投放市场后的真实效果，如外观质量、材料质地、使用方式等。样机模型是在生产之前制作的，和设计的产品外观一样，并装有机芯，是可以真实工作的产品模型，其目的是用于最后的产品直观评价和生产风险的检测，主要用于检验设计是否正确，发现设计中的问题，并为后期生产做好准备。

样机模型是设计师推敲和检验设计的重要手段。作为样品，为研究人机关系、结构、制造工艺、外观等提供实体形象，并可直接向委托方征求意见，为审核方案提供实物依据。有时也用于参加各类展示活动和订货洽谈会，因此，产品各部分的细节要表现得非常充分。

相较于主要依赖于手工制作的草模型和概念模型，样机模型制作较为复杂，制作精度要求较高。产品造型由于受到使用功能、内部结构和成型材料、加工工艺等条件的制约，对规格、平整度等都严格的要求，因此，在进行样机模型制作时，要对规格进行严格的校正。

目前常用的制作样机模型的方法有快速成型（RP）技术和数控机床（CNC）加工成型。

（1）快速成型（RP）技术。快速成型技术是近年来在现代 CAD/CAM 技术、激光技术、计算机数控技术、精密伺服驱动技术以及新材料技术基础上集成发展起来的。它可以在不使用任何加工刀具的情况下，接受产品设计（CAD）数据，快速制造出新产品的样件、模具或模型。快速成型技术的推广应用可以大大缩短新产品开发周期、降低开发成本、提高开发质量，如图 5-22 所示。

（2）数控机床（CNC）加工成型。数控机床是计算机数字控制机床的简称，是一种由程序控制的自动化机床，只要改变程序指令就可以改变加工过程。

数控机床的出现为样机制造提供了更好的技术支持，使得制作和产品一模一样的样机成为可能。其优点是样机模型打磨后表面质量很高，可以使用和真实产品完全一致的材料，加工精度高，强度高，为真正意义上的样机。这种方法正在被越来越多的企业和设计师使用，如图 5-23 所示。

图 5-22　快速成型设备及相关产品

图 5-23　数控机床设备及相关产品

5.5.4　商品化阶段

为了验证改进产品是否适应市场需求、市场营销战略是否行得通，也为了避免大规模的出错和投资失利，在产品正式商品化前，通常先在一定的地域进行试销。试销完成之后再通过细致的分析得到结果，并将结论反馈到产品开发阶段，进一步修正改进方案和市场营销计划，实现最终进入商品化阶段。

产品商品化，就是设计从方案到样机，评估之后加工模具生产大量产品的销售阶段，也是产品实现其价值的最终途径。在这个阶段，生产设备、人员、销售经营资源投入已被确定，此时运营管理便变得重要了，要正确地把握产品投放市场后来自各方面的反应，灵活、迅速地修正设计、生产单价、销售价格、产品涂装包装、质量管理、库存必要量，并实施合理的促销措施，确保产品拥有市场优势。

5.6　产品改良设计案例分析

以音响产品的改良设计为参考，介绍产品改良设计的组织形式的同时重点介绍各个阶段的工作特点及流程。

5.6.1　市场调研

1. 逆向分析

接受设计任务后，明确设计已定方向。本阶段，设计师需要与企业管理人员进行及时沟通，了解设计的内容及设计所应实现的目标。根据客户提供的原始资料、产品或产品模型，分析产品的结构原理、功能实现原理、设计可以改进的地方，确定产品的限制条件和设计重点。

2. 竞争对手产品的市场调研

比较分析产品的市场地位以及竞争对手的产品特点，找到设计可以突破的地方，以确保未来产品的市场竞争力。

5.6.2　再设计的深入

在对产品的概念进行定位后，在限定条件下，结合原有产品的原理、结构完成产品的功能布置，及时与企业沟通，确认设计方向一致。

1. 构思产品草图

根据要求，展开创意，绘制构思草图，如图 5-24 所示。

2. 产品平面效果图

平面效果图一般用平面矢量软件完成。此过程就是定位草图方案的创意，明确设计各要素的具体位置、大小及相互关系，并进行简单的数据标注。

3. 产品三维效果图

效果图能够直观和真实地描述产品形态和结构，表达产品构思；并且能在虚拟的环境中，全面观察产品的三维形态。通过效果图与企业中参与设计的其他部门的工作人员进行沟通，以确定设计的最终效果，如图 5-25 所示。

学习笔记

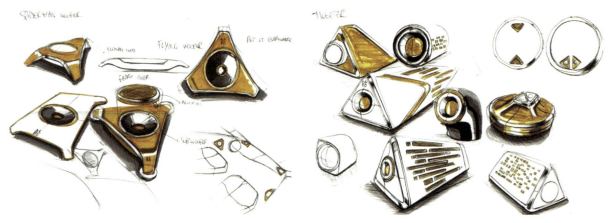

图 5-24　改进型音响产品设计构思草图

图 5-25　改进型音响产品三维效果图

4. 产品色彩设计

色彩设计的作用是用来确定产品效果和扩充产品线。

5.6.3　产品结构调整

改进型设计的产品一般都是在原有产品结构基础上进行的调整，因此产品的内部结构、安装结构和装配关系一般不会做太大变化的设计，但是如果形态设计影响了结构的改变，那么本阶段需要详细地评估产品结构的合理性，分析零件之间的装配关系是否合理，是否存在干涉现象，分析各个部件的载荷强度。修改和调整结构设计中的问题，按设计规格，精确地完成产品各种零件的电子文件和零件之间的装配关系，确定最终的结构样机调试。

5.6.4　样机制作

电子产品的样机一般都通过数控机床完成。样机制作完成后需要将产品内部的全部电路和各个零件装入模型，检验结构设计的合理性，体验产品的使用感受，对出现的问题进行最后的调整，降低模具开发的风险。样机也可以模拟出产品的最终效果，因此电子产品企业在很多时候会使用样机去参加展览会和订货会来试水产品的竞争能力，从而确定最终的生产规模。

5.6.5　产品加工上市

改进型产品的设计方案改进流程如图 5-26 所示。

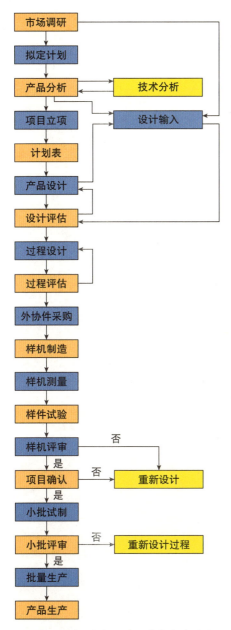

图 5-26　改进型产品的设计方案改进流程

学习笔记

131

任务练习

请对你身边的桌椅进行改良设计，具体要求如下：

1. 写出办公椅改良设计程序；

2. 绘制出改进后产品的手绘图及相关三维效果图。

项目 6 产品设计案例

知识目标 《

1. 了解产品设计实际应用的一般案例；
2. 熟悉并掌握产品设计的程序与各种方法，并能够将其灵活运用到实际的应用中；
3. 掌握产品设计的系统性思维方式。

技能目标 《

1. 能够从实际案例中准确地分析出产品设计意图、出发点及创新点，并能够以此拓展思维；
2. 能够从实际案例中准确梳理出产品设计方法，并能够总结产品设计各个方法的应用条件和背景；
3. 能够清楚产品设计的系统性思维方式，并将其延伸到对于其他知识的学习中。

素养目标 《

1. 通过分析实际案例，培养良好的团队协作能力、沟通表达能力、总结归纳能力和自主创新意识；
2. 通过欣赏经典的获奖产品设计案例，培养产品设计热情。

产品设计必须遵循一定的科学的工作程序与准则，以保证设计的严谨性、可靠性和顺利完成。但设计的展开并非千篇一律，有的设计是发现问题并解决问题，有的设计是改良型的设计评估与改造，还有的设计是命题式的创意产品设计。在产品设计的事实过程中应该根据具体的情况来制订设计计划，并将产品创新的方法融会贯通地运用到设计中。

6.1　产品设计案例一：以时间的名义——闹钟设计

1. 设计主题分析

本案例的命题是一个以一种状态作为诉求的、开放式的产品设计命题。设计者是南华大学设计艺术学院2009级学生陈凌云、杨黥云（该设计获得了2012年全国大学生工业设计大赛湖南赛区一等奖）。产品设计的目标是"靠近"。在设计开展之前，并没有规定具体的设计产品，而是首先让参与设计的学生以小组为单位，利用头脑风暴、635法等创新方法解析"靠近"这一状态。讨论过后得出以下几类"靠近"的状态（图6-1）：

（1）人与人的靠近：可以理解为拉近人与人之间的情感、关系等。

（2）人与产品的靠近：人对产品的心理上的喜爱，使用上的便捷等。

（3）人与社会的靠近：更为便捷的公共设施、人性化的交流平台等。

（4）人与自然界的靠近：对自然界植物、生物的爱护保护等。

（5）产品与产品的靠近：系统关系上的合理化、结构上的接近等。

图6-1　"靠近"头脑风暴后的关键词提取

（6）产品与自然的靠近：辅助自然界积极健康发展的产品设计等。

要求学生以小组为单位从中选取自己感兴趣的方向来进行产品设计，"以时间的名义"这件作品就是诞生于这样的一个主题。

2. 设计定位：人与物的靠近

设计者选定了让人与物之间的关系更为密切，并提出这样的设想，认为身边的事物也是有感情的，我们愿意与之亲近、交流，与之愉快相处，从而拉近彼此的距离。

3. 设计展开与方案构思

设计可以用"心智图"来展开，然后用草图来表达方案构思。设计师可以在设计草图的绘制过程中边想边画，边画边完善。案例中，设计师从一开始只是单纯意义上的想"让数字靠近一些"来表达时间想要逃离的概念，到后来，再通过对设计方案的不断完善，融入产品贴切的功能与合理的使用方式，才慢慢接近最后的方案，如图6-2～图6-6所示。

设计师在此用取下来的数字来指代与人亲

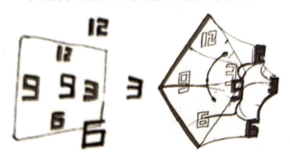

| 图6-2 方案草图1 | 图6-3 方案草图2 | 图6-4 方案草图3 | 图6-5 方案草图4 |

图6-6 手绘效果图

密靠近的时间。钟表盘上的数字是可自由取下来的，象征着与时间的亲密接触。而每一个数字又是一个小小的闹钟，当你取下其中一个"时间"，并在钟表盘上设定好了"分针数值"后，等到相对应的时间点，小小的数字闹钟就会和钟表盘同步响起。只有拿着"时间"靠近，把它放回原来的地方后，闹钟才会停下。

4. 设计使用过程设想：故事板

故事板（Storyboard）是将产品的使用过程通过动画的简单演示，展现产品的使用情境、使用方式，是设计说明的视觉化呈现的过程，在进行绘制的过程中能很好地表现产品的设计逻辑。

图 6-7 所示采用的是情境对比的展示方式，将上半部分的"Before"（没有使用这个产品之前的状态）与画面下半部分的"After"（使用后很好地解决了赖床问题）的情况进行对比。

图 6-7　Before 和 After 情境故事板手绘

5. 产品效果图制作

在做好了前期的设计定位、方案草图绘制、情境故事板等工作之后，可以开始产品的计算机效果图制作。

6. 方案再评估与优化

对于最终完成的方案进行再评估，吸取值得改进的意见，以便进一步完善。图 6-8 所示的主题产品，钟面过于宽大，数字过小，不方便拿取，都需要进行修改，从而使其完善。

7. 模型

对最终完善的方案用 3D 打印制作模型，以检验产品的实物效果（图 6-9）。

图 6-8　初步产品外观与板式风格

图 6-9　产品模型

8. 设计展板

设计展板是用静止的版面来表达动态的产品和设计过程,这就需要基于基本的美学原理对版面的视觉逻辑顺序和内容进行有效组织,如图 6-10 所示。

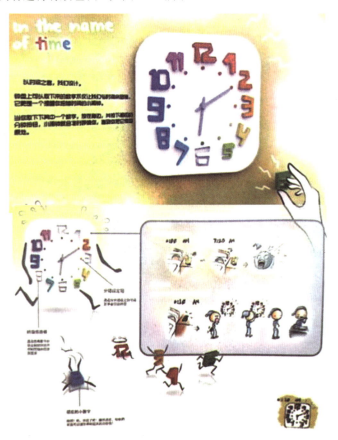

图 6-10 "以时间的名义"(in the name of time)最终展板

6.2 产品设计案例二:JAZZY 动感多功能电动轮椅设计

6.3　产品设计案例三：经典产品设计

实 战 训 练

任务题目：

选取一个你熟悉的产品设计案例，说说它的产品设计故事，并尝试梳理，分析该产品的设计思路。

任务要求：

1.采产品设计案例选取，要求为大家所熟悉的产品；

2.发掘该产品设计背后的故事；

3.分析并尝试梳理产品设计定位和构思；

4.以小组为单位完成任务作业，每组人数要求 3~6 人。

参考文献

[1] 许继峰，张寒凝.产品设计程序与方法［M］.北京：北京大学出版社，2017.

[2] 王俊涛，肖慧.产品设计程序与方法［M］.北京：中国铁道出版社，2015.

[3] 杨向东.工业设计程序与方法［M］.北京：高等教育出版社，2008.

[4] 姚奇志，宋敏.产品设计程序与方法［M］.南京：南京大学出版社，2015.

[5] 李洋.产品设计程序与方法［M］.重庆：西南师范大学出版社，2019.

[6] 蒋金辰，皮永生.产品设计程序与方法［M］.重庆：西南师范大学出版社，2009.

[7] ［美］凯文·N.奥托，克里斯汀·L.伍德.产品设计［M］.齐春萍，宫晓东，张帆，等，译.北京：电子工业出版社，2017.

[8] 田野，王妮娜.工业设计程序与方法［M］.沈阳：辽宁科学技术出版社，2013.

[9] 陈国强.产品设计程序与方法［M］.北京：机械工业出版社，2011.

[10] 高筠，怀伟，俞书伟.设计程序与方法［M］.南昌：江西美术出版社，2011.

[11] 桂元龙，杨淳.产品形态设计［M］.北京：北京理工大学出版社，2007.